Rene-Fabian Cienfuegos Pelaes
Simone Castillo
Florence Ansart

Synthèse de nickelates de lanthane. Application SOFC

AF209951

Rene-Fabian Cienfuegos Pelaes
Simone Castillo
Florence Ansart

Synthèse de nickelates de lanthane. Application SOFC

Solid Oxide Fuel Cell (SOFC)

Presses Académiques Francophones

Impressum / Mentions légales

Bibliografische Information der Deutschen Nationalbibliothek: Die Deutsche Nationalbibliothek verzeichnet diese Publikation in der Deutschen Nationalbibliografie; detaillierte bibliografische Daten sind im Internet über http://dnb.d-nb.de abrufbar.

Information bibliographique publiée par la Deutsche Nationalbibliothek: La Deutsche Nationalbibliothek inscrit cette publication à la Deutsche Nationalbibliografie; des données bibliographiques détaillées sont disponibles sur internet à l'adresse http://dnb.d-nb.de.

Coverbild / Photo de couverture: www.ingimage.com

Verlag / Editeur:
Presses Académiques Francophones
ist ein Imprint der / est une marque déposée de
OmniScriptum GmbH & Co. KG
Heinrich-Böcking-Str. 6-8, 66121 Saarbrücken, Deutschland / Allemagne
Email: info@presses-academiques.com

Herstellung: siehe letzte Seite /
Impression: voir la dernière page
ISBN: 978-3-8381-4563-1

Zugl. / Agréé par: Toulouse, Université Paul Sabatier, 2008

A mi padre Rene Samuel CIENFUEGOS CARRERA
hermano Gerardo CIENFUEGOS PELAEZ

Mis familiares y amigos a los cuales Dios en Cristo Jesús me ha bendecido

REMERCIEMENTS

Je tiens à remercier Monsieur le Professeur Abel ROUSSET et Monsieur Philippe TAILHADES, Directeur de Recherche CNRS, pour m'avoir accueilli au sein du laboratoire et m'avoir permis d'effectuer ces travaux de recherche.

Je remercie vivement Monsieur Jean-Marc BASSAT, Directeur de Recherche CNRS à l'ICMCB (Bordeaux) et Monsieur Jean-Paul VIRICELLE, Maître de Recherches à l'École des Mines de St. Etienne, d'avoir accepté de juger ce travail de thèse en qualité de rapporteurs et d'avoir participé au jury. J'ai été très honoré de leur présence.

Je remercie également Monsieur P. TAILHADES d'avoir présidé ce jury.

Mesdames Armelle RINGUEDÉ et Marie-Laure FONTAINE, Chargées de Recherches CNRS, respectivement au LECA (ENSCP, Paris) et à l'IEM (Montpellier) ont relu ce manuscrit de manière critique et participé au jury. Je les en remercie sincèrement.

Ce travail a été soutenu, de manière permanente, par mes deux directrices de thèse : Madame Florence ANSART, Professeur à l'Université Paul Sabatier, animatrice de l'équipe Revêtements et Traitements de Surface au CIRIMAT et Madame Simone CASTILLO, Maître de Conférences à l'Université Paul Sabatier. Je les remercie de tout cœur pour leur aide et leurs encouragements. Je garde une reconnaissance particulière à Simone CASTILLO pour la convivialité dans son bureau et son suivi au quotidien de l'avancement de mon travail.

J'ai pu profiter par ailleurs des conseils avisés de Pascal LENORMAND, chercheur contractuel au Laboratoire. Qu'il trouve ici l'expression de mes remerciements.

Je remercie tout particulièrement Monsieur Fabrice MAUVY pour avoir encadré mon stage à l'ICMCB de Bordeaux et Madame A. RINGUEDÉ pour son aide à la caractérisation électrochimique de mes échantillons.

Mes remerciements vont également à M.-L. FONTAINE pour avoir facilité mon stage à SINTEF (Norvège) pendant deux mois et avoir réalisé certaines mesures à l'IEM.

Je remercie particulièrement la communauté française de la recherche sur les piles à combustible SOFC, regroupée au sein du GDR ITSOFC, et notamment Jean-Claude GRENIER, Jean-Marc BASSAT et toute l'équipe de l'ICMCB pour la convivialité, l'animation et l'échange culturel qu'ils ont su apporter à ce GDR.

Je remercie tous les personnels du CIRIMAT qui m'ont fait profiter de leurs compétences dans les différentes techniques de caractérisation, en particulier : Claude ESTOURNES, Simon CAYEZ, Lucien DATAS, Christophe CALMET, Marie-Claire BARTHELEMY, Diane SAMELOR.

Merci aux collègues et amis du Laboratoire, étudiants et personnels permanents, pour les moments de détente et les fou-rires à la pause.

Cette thèse n'aurait pu être réalisée sans le soutien financier de CONACYT et le suivi administratif de SFERE (par Madame Ana MANETA) auxquels je suis reconnaissant.

SOMMAIRE

Introduction

Chapitre I - Bibliographie

Chapitre II - Synthèse et caractérisation de matériaux de cathode (nickelates de lanthane)

Chapitre III - Mise en forme et caractérisations électrochimiques de demi-cellules cathodiques architecturées

Conclusion générale

Annexes - Techniques expérimentales de caractérisation

Introduction

Introduction

Les experts dans le domaine de l'énergie s'accordent sur le fait que les réserves en combustibles fossiles pourront combler la demande pendant encore quelques dizaines d'années seulement. Cette estimation a été faite en intégrant la consommation actuelle et son évolution en fonction de la demande mondiale qui augmente de manière massive et inéluctable, en particulier dans le domaine des transports. L'accroissement actuel du prix du pétrole et la prise de conscience des problèmes liés à la pollution incitent la plupart des pays industrialisés à prendre des mesures pour diminuer la quantité des hydrocarbures consommés et les rejets consécutifs néfastes pour l'environnement. Il devient nécessaire de changer, à l'échelle mondiale, les habitudes de production et d'utilisation de l'énergie. Les solutions proposées pour une diversification de l'approvisionnement énergétique ont contribué à raviver la recherche sur les nouvelles techniques alternatives pour la génération électrique.

La pile à combustible SOFC fait partie de ces nouvelles techniques ; elle transforme directement l'énergie chimique en énergie électrique ; elle est alimentée par un gaz combustible (hydrogène ou hydrocarbure) et un gaz comburant (oxygène de l'air). La température de fonctionnement est élevée ce qui contribue à la dégradation des matériaux constitutifs et à la diminution de la durée d'utilisation.

Avec l'objectif de réduire la température de fonctionnement de la pile à combustible SOFC à 600°C-800°C, des équipes de recherche appartenant à diverses communautés scientifiques et organismes publics français (Universités, CNRS, CEA, EDF, GDF, St. Gobain, etc.) se sont fédérées en Groupe de Recherche (GdR) auquel appartiennent plusieurs chercheurs de l'équipe Revêtements et Traitements de Surface (RTS) du CIRIMAT (Centre Interuniversitaire de Recherche et Ingénierie des Matériaux -UMR5085-). Le savoir-faire du Laboratoire porte, entre autres, sur l'élaboration de poudres par des méthodes de chimie douce, leur mise en forme de couches minces ou épaisses et d'architectures innovantes, et la caractérisation physico-chimique de ces revêtements.

Le présent travail porte sur la synthèse par voie sol-gel et la mise en forme de couches épaisses (>1 micron) de nickelates de lanthane $La_{2-x}NiO_{4+\delta}$ (x=0 et 0,02) et $La_4Ni_3O_{10}$ (Phases de Ruddlesden-Popper) pour applications comme cathodes de piles à combustible SOFC fonctionnant à température intermédiaire (600 °C – 800 °C). Ces matériaux à conduction mixte, électronique et ionique (MIEC), ont pour caractéristique de permettre la délocalisation de la réduction de l'oxygène dans tout le volume de la cathode, au lieu de la limiter aux seuls points de triple contact situés à l'interface cathode/électrolyte. Ceci montre l'intérêt d'augmenter la quantité de matériau actif de cathode grâce à la mise en forme de revêtements épais et poreux par une méthode de trempage-retrait, facile à mettre en œuvre et à transposer à l'échelle industrielle.

Des travaux antérieurs dans l'équipe Revêtements et Traitements de Surface ont montré que $La_{1.98}NiO_{4+\delta}$, $La_2NiO_{4+\delta}$ et $La_4Ni_3O_{10}$ sont des matériaux de cathode prometteurs. Après les avoir synthétisés sous forme de poudres, nous avons préparé des suspensions à partir desquelles sont formées des couches épaisses constituées d'un seul matériau de référence ou de deux matériaux combinés.

La caractérisation structurale par diffraction de rayons X, et microstructurale par microscopie à balayage (MEB) des revêtements a été effectuée pour les différentes configurations élaborées (couches architecturées et couches composites).

Des mesures d'impédance électrochimique ont permis le calcul des résistances de polarisation et des résistances surfaciques, et la validation de ces systèmes architecturés.

Ce manuscrit comporte trois chapitres dans lesquels nous présentons la démarche scientifique suivie et les résultats obtenus.

Le chapitre I est une mise au point bibliographique sur les piles SOFC, axée principalement sur les travaux concernant la cathode.

Dans le chapitre II, nous décrivons la préparation des matériaux actifs $La_{1.98}NiO_{4+\delta}$, $La_2NiO_{4+\delta}$ et $La_4Ni_3O_{10}$ sous forme de poudres par voie sol-gel, puis l'élaboration de couches minces sur substrat. A partir des poudres $La_{1.98}NiO_{4+\delta}$, $La_2NiO_{4+\delta}$ et $La_4Ni_3O_{10}$, des suspensions sont préparées, optimisées et caractérisées. Elles sont ensuite mises en œuvre dans la préparation de revêtements épais sur le substrat YSZ utilisé comme électrolyte, puis les couches épaisses sont caractérisées par microscopie électronique à balayage (MEB) et diffraction de rayons X.

Le chapitre III est composé de deux parties. La première est relative à la mise en forme de couches épaisses architecturées obtenues par combinaison d'empilements de matériaux actifs, avec ou sans couche mince interfaciale. La caractérisation électrochimique par mesures d'impédance, mise en œuvre pour la validation de ces systèmes architecturés, fait l'objet de la deuxième partie.

Chapitre I

Bibliographie

I.1 Pile à combustible

La pile à combustible est un convertisseur électrochimique qui transforme directement de l'énergie chimique en énergie électrique en utilisant l'hydrogène comme combustible [1, 2]. Entre le combustible (généralement hydrogène) et le comburant (oxygène de l'air), se produit la réaction électrochimique :

$$1/2\,O_2(g) + H_2(g) \rightarrow H_2O(g) \qquad (I.1)$$

qui entraîne une production d'énergie électrique et de chaleur.

I.1.1 Généralités

La combustion des combustibles fossiles ou de l'uranium 235 (fission nucléaire) produit environ 80% de l'énergie électrique en France, contribuant ainsi abondamment à la production de déchets nuisibles pour l'environnement [3, 4].

Les piles à combustible présentent des avantages environnementaux : très faibles émissions de gaz nocifs, absence de nuisances sonores, production localisée pour des rendements électriques et énergétiques élevés. Ce sont des atouts importants pour notre société, mais ils ne sont pas suffisants si les coûts d'investissement sont trop élevés. C'est sur ce critère que les efforts les plus importants restent à accomplir pour que cette technologie soit utilisée [5]. Néanmoins malgré les coûts d'investissement encore élevés, la pile est sérieusement envisagée comme une alternative aux moteurs thermiques dans la plupart des modes de transports [1, 6, 7], terrestres ou maritimes.

I.1.2 Historique

La première pile à combustible fut découverte vers le milieu du XIXe siècle par Sir William Grove [5]. Il s'agissait d'une pile hydrogène/oxygène en milieu acide sulfurique dilué en contact avec des électrodes de platine (figure I.1). La puissance de la cellule était très faible. En 1930, les piles à combustible devinrent crédibles, grâce aux travaux de l'ingénieur anglais Francis T. Bacon. Celui-ci peut être considéré comme le pionnier de leur développement industriel grâce à la réalisation en 1953 d'un premier prototype de pile à combustible hydrogène/oxygène en milieu KOH aqueux, produisant 1 A/cm^2 sous 0.8 V [5].

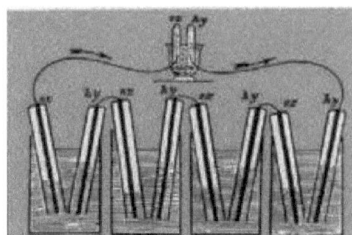

Figure I.1 Dessin expérimental original de Sir William Grove

I.1.3 Classification

Les piles à combustible sont habituellement classées selon la nature de l'électrolyte (Tableau I.1) [5]:

- Les piles alcalines (AFC –Alkaline Fuel Cell-), fonctionnent avec un électrolyte alcalin dans un domaine de température compris entre 70 et 100 °C.

- Les piles à méthanol à combustion directe (DMFC –Direct Methanol Fuel Cell), bénéficient des progrès récents de la conception de cellules dans lesquelles la membrane séparatrice joue également le rôle d'électrolyte solide et fonctionnent aussi à basse température.

- Les piles à combustible à carbonate fondu (MCFC -Molten Carbonate Fuel Cell-) ont pour électrolyte des carbonates de lithium et de potassium fondus ce qui correspond à des températures de fonctionnement supérieures à 600 °C.

- Les piles à l'acide phosphorique (PAFC –Phosphoric Acid Fuel Cell-) dont l'électrolyte est sous forme gélifiée peuvent fonctionner entre 180°C et 210°C.

- Les piles PEMFC (Proton Exchange Membrane Fuel Cell) fonctionnent autour de 80 °C et plus généralement à température inférieure à 200 °C.

- Enfin les piles à combustible à oxyde solide (SOFC –Solid Oxide Fuel Cell-) ont, le plus souvent, un électrolyte composé d'oxyde de zirconium ZrO_2 dopé à 8% d'oxyde d'yttrium Y_2O_3 et fonctionnent à des températures comprises entre 700 et 1000 °C.

Les différents types de piles à combustible, leur puissance électrique et leurs principales applications sont rassemblés ci-dessous: [5]:

Tableau I.1 Différents types de piles à combustible [5]

Sigle	Appellation	Électrolyte	Température de fonctionnement (°C)	Niveau d'avancement (puissance électrique)	Industrialisation	Applications (voir liste)
AFC	Pile à combustible alcaline	KOH	80	Prototype (10 kW) et production unitaire	2002	6, 7, 11
DMFC	Pile à combustible au méthanol direct	Polymère conducteur protonique	60-90	Recherche et développement	2015	5 à 8, 10
MCFC	Pile à combustible à carbonate fondu	Li_2CO_3/ K_2CO_3	650	Prototype (2 MW)	2008	1, 2, 3
PAFC	Pile à combustible à acide phosphorique	H_3PO_4	200	Série précommerciale (200 kW)	-	3, 6
PEMFC	Pile à combustible à membrane	Polymère conducteur protonique	90	Prototype (250 kW)	2002	3 à 10
SOFC	Pile à combustible à oxyde solide	ZrO_2-Y_2O_3	700-1000	Prototype (100 kW)	2006	1 à 6, 9

Applications

1. Production électrique décentralisée électrogène (jusqu'à la centaine de mégawatts) ;

2. Cogénération industrielle ou centralisée (jusqu'à 50 MW) ;

3. Cogénération tertiaire (jusqu'à 250 kW) ;

4. Cogénération maison individuelle (1 à 10 kW) ;

5. Alimentation de sites isolés (10 à 200 kW) ;

6. Secours (jusqu'à 200 kW) ;

7. Véhicule électrique (environ 50 kW) ;

8. Bus (environ 200 kW) ;

9. Navires et sous-marins (par modules de 200 à 500 kW) ;

10. Applications portables (1 à 100 W) ;

11. Engins spatiaux (10 à 50 kW).

I.2 La pile SOFC

La première tentative d'élaboration d'une pile à combustible à haute température ($\cong$ 1000 °C) mettant en œuvre un électrolyte solide est attribuée à Baur et Preiss au début des années 30, mais c'est grâce à l'exploitation des propriétés de conduction ionique de la zircone stabilisée, dans les années 60, que ce type de pile a fait l'objet d'études plus approfondies [8].

I.2.1 Avantages d'une SOFC

La caractéristique principale des SOFC réside dans leur température de fonctionnement élevée (700 à 1000 °C), nécessaire à l'obtention d'une conductivité ionique suffisante de l'électrolyte céramique. Cette haute température présente un double avantage. Elle permet d'abord l'utilisation directe d'hydrocarbures, en premier lieu de gaz naturel, qui pourront être facilement reformés sans catalyseurs à base de métaux nobles. Elle assure d'autre part la fourniture d'une quantité de chaleur élevée, facilement exploitable en cogénération avec ou sans turbine à gaz. Elle rejette moins de gaz nocifs (NO_x, CO_2).

Les piles à combustible dédiées à la production électrique à grande échelle sont constituées d'un électrolyte de zircone stabilisée à l'yttrium (YSZ) et fonctionnent dans un domaine de température voisin de 1000°C [9, 10, 11]. Cela crée des contraintes très sévères pour les matériaux d'interconnection onéreux et dans certains cas, cela peut entraîner la formation de phases secondaires aux interfaces des constituants de la pile [12, 13, 14].

Pour trouver une réponse à ces problèmes, on a cherché à diminuer la température de fonctionnement. C'est la raison pour laquelle s'est développée la recherche de matériaux fonctionnant à température intermédiaire (600 – 800 °C) d'où la dénomination IT-SOFC. La réduction de la température de fonctionnement rend nécessaire l'utilisation d'un électrolyte de haute conduction ionique ou la diminution de son épaisseur afin de réduire sa résistance [15].

I.2.2 Principe de fonctionnement d'une cellule SOFC

Une cellule SOFC est constituée par deux électrodes (cathode et anode), séparées par l'électrolyte (fig.I.2) et alimentées chacune par les gaz réactifs (comburant et combustible).

L'oxygène gazeux de l'air est réduit à la cathode en anions oxygène O^{2-}, grâce aux électrons venant de l'anode via le circuit extérieur, selon l'équation

$$\frac{1}{2}O_2(g) + 2e^- \rightarrow O^{2-} \qquad\qquad I.2$$

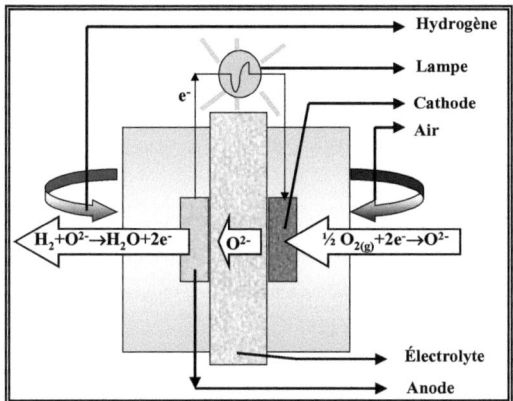

Figure I.2. Schéma d'une cellule élémentaire SOFC

Les anions migrent ensuite à travers l'électrolyte vers l'anode et réagissent avec l'hydrogène. La réaction produit de l'eau à l'anode et libère les électrons dans le circuit extérieur, en accord avec l'équation :

$$H_2(g) + O^{2-} \rightarrow H_2O + 2e^- \qquad \text{I.3}$$

La pile à combustible SOFC est un assemblage de plusieurs cellules élémentaires connectées entre elles, en nombre suffisant pour assurer la production électrochimique d'électricité souhaitée [16].

Efficacité thermodynamique et tension théorique

L'équation I.1 décrit la réaction bilan qui gouverne la pile à combustible. Elle consiste en une conversion d'énergie chimique (enthalpie libre de réaction -ΔG-) en énergie électrique selon l'équation :

$$\Delta G + nFE_{eq} = 0 \qquad \text{où } \Delta G < 0 \qquad (I.4)$$

dans laquelle E_{eq} est la force électromotrice en circuit ouvert, n, le nombre d'électrons échangés dans les réactions électrochimiques élémentaires (réactions de demi-pile), F, la quantité d'électricité associée à une mole d'électrons (constante de Faraday).

L'efficacité thermodynamique (rendement) η_{th} d'une pile [5], est donnée par la relation

$$\eta_{th} = \Delta G / \Delta H \qquad (I.5)$$

où ΔH est l'enthalpie de réaction totale.

Quand la pile fonctionne, elle génère du courant électrique et de la tension "E" définie par :

$$E = Eeq - E_L - \eta_{act} - \eta_{iR} - \eta_{diff}. \qquad (I.5)$$

E_L: perte de tension due à la résistance de l'électrolyte

η_{act}, surtension aux électrodes

η_{iR}, surtension due à des résistances ohmiques dans la pile

η_{diff}, surtension due à des limitations dans la diffusion de masse [6].

Les surtensions cathodique et anodique ainsi que la chute ohmique à travers la pile dépendent de la nature et de la mise en forme des matériaux, ce qui conditionne le rendement d'une pile [17]. Ces surtensions sont liées aux phénomènes qui se produisent aux électrodes, traduits par la notation de Kröger-Vink ci-dessous [18] :

à la cathode [19, 20] : $\qquad \frac{1}{2}O_2 + \overset{\bullet\bullet}{V}_O + 2e^- \rightarrow O_O^x \qquad (I.6)$

à l'anode [16, 21] : $\qquad H_2 + O_O^x \rightarrow H_2O + \overset{\bullet\bullet}{V}_O + 2e^- \qquad (I.7)$

$\overset{\bullet\bullet}{V}_O$ représente une lacune d'oxygène de l'électrolyte

O_O^x un atome d'oxygène inséré dans le réseau de l'électrolyte dans la position d'un atome d'oxygène normal.

Les performances des matériaux sont définies par la somme des résistances associées à chaque élément de la pile et des cinétiques des réactions électrochimiques se produisant aux interfaces [22, 23].

I.2.3 Constituants d'une cellule SOFC et cahier des charges

Revenons sur les constituants principaux d'une cellule SOFC : anode, cathode et électrolyte, afin de préciser leurs caractéristiques spécifiques et le cahier des charges correspondant [9, 20].

I.2.3.1 Electrolyte

L'électrolyte permet la migration des ions oxygène de la cathode vers l'anode, il doit donc être à la fois un bon conducteur ionique et un parfait isolant électrique. Il doit être étanche, afin d'empêcher la communication entre les deux compartiments de la cellule et donc le mélange du combustible avec le comburant.

✓ Le coefficient de dilatation doit être compatible avec celui des électrodes, afin de minimiser les contraintes thermomécaniques aux interfaces.

✓ La conductivité ionique doit être de l'ordre de 10^{-1} S.cm^{-1} à la température de fonctionnement de la pile.

✓ Il doit avoir une bonne stabilité chimique en milieux oxydant et réducteur et être peu coûteux

Les électrolytes les plus courants sont les oxydes de structure fluorine, les apatites, et les matériaux de type LAMOX [24, 25, 26].

- Les oxydes de structure fluorine sont des conducteurs d'oxygène classiques. La zircone dans laquelle une partie des atomes de zirconium est substituée par l'yttrium (YSZ) est à la fois chimiquement stable et de coefficient de dilatation thermique compatible avec celui des matériaux d'électrodes [24]. Le seul problème de cette zircone est sa faible conductivité ionique à la température visée de 700 °C, ce qui rend son utilisation délicate avec des épaisseurs importantes [9].

- Les oxydes de structure apatite à base de lanthane : germanates ($La_{10-x}Ge_6O_{26+y}$) et silicates ($La_{10-x}Si_6O_{26+y}$) montrent une bonne conductivité à basse température, mais nécessitent des températures de synthèse élevée, sauf avec des techniques de chimie douce [25], et leur compatibilité avec les électrodes reste encore à évaluer sur une longue durée de fonctionnement [24, 25, 27].

- Les matériaux LAMOX constituent une nouvelle famille de conducteurs ioniques. Leur composition est du type molybdate de lanthane $La_2Mo_2O_9$. Leur conductivité ionique est élevée mais ils peuvent présenter une réactivité vis-à-vis de certains matériaux de cathode [24, 26]

I.2.3.2 Anode

A l'anode se produit l'oxydation du combustible (d'où le nom de "fuel electrode"), qui, dans le cas de l'hydrogène, conduit à la formation d'eau et à la production des électrons. L'anode doit présenter les caractéristiques suivantes [9]:

- être poreuse pour permettre d'acheminer le combustible et d'évacuer l'eau formée.
- avoir un coefficient de dilatation compatible avec celui des autres composants de la pile
- présenter une bonne activité électrocatalytique
- permettre la mobilité des ions pour réaliser l'oxydation de l'hydrogène sur le catalyseur (Ni)
- avoir une conduction électronique élevée à la température de fonctionnement de la pile (de l'ordre de 100 S.cm^{-1} à 700 °C).
- présenter une surface élevée et une stabilité chimique dans un environnement réducteur

Des matériaux d'anode classiquement utilisés sont des cermets élaborés à partir d'un métal, en général le nickel, et d'une céramique qui est celle constituant l'électrolyte [10, 28]. Ces anodes ont une bonne compatibilité avec l'électrolyte sur le plan de la dilatation thermique.

I.2.3.3 Cathode

A la cathode se produit la réduction de l'oxygène de l'air, par le biais des électrons qui viennent de l'anode via le circuit extérieur. La cathode doit présenter les caractéristiques suivantes :

- une conduction électronique élevée, au moins égale à 100 S.cm^{-1} à la température de fonctionnement de la pile
- un coefficient de dilatation compatible avec celui de l'électrolyte pour avoir une bonne stabilité mécanique
- des propriétés électrocatalytiques satisfaisantes pour assurer la réduction de l'oxygène de l'air
- une bonne conduction ionique
- une bonne stabilité chimique
- un matériau à bas coût

Ces propriétés doivent être conservées, sous air et sous pressions partielles d'oxygène à la température de fonctionnement.

Parmi les matériaux de cathode SOFC, ceux qui ont fait l'objet des plus nombreuses recherches sont des pérovskites de structure ABO_3, où A est une terre rare, en général le lanthane, et B un métal de transition. Les matériaux les plus étudiés sont les manganites de lanthane $LaMnO_3$, dans lesquels le lanthane peut être partiellement substitué, en particulier par le strontium ; la famille des composés obtenus, $La_{1-x}Sr_xMnO_3$ est symbolisée par LSM. Un taux de substitution élevé du lanthane par le strontium augmente la conductivité électrique du matériau [9, 16]. Dans ces pérovskites, le manganèse peut aussi être substitué par d'autres métaux de transition, les principaux étant le cobalt et le fer, ce qui génère les familles LSMC ($La_{1-x}Sr_xMn_{1-y}Co_yO_3$) et LSCF ($La_{1-x}Sr_xCo_{1-y}Fe_yO_3$) [9]. Les matériaux LM, LSM et LSCF sont des cathodes qui peuvent réagir avec YSZ (électrolyte habituel dans les applications SOFC) ; les phases secondaires formées sont alors $La_2Zr_2O_7$ et $SrZrO_3$ respectivement avec $LaMnO_3$ et $La_{1-x}Sr_xCo_{1-y}Fe_yO_3$ [9]. LSMC présente de meilleures performances que LSM, mais son coefficient de dilatation thermique est très différent de celui de YSZ et il peut former aussi des phases secondaires pour des taux de substitution élevés du manganèse par le cobalt [9]. Ces résultats dégradent les performances de la pile à combustible SOFC au niveau de l'interface cathode/électrolyte.

Depuis quelques années de nouveaux matériaux de cathode prometteurs font l'objet de nombreux travaux de recherche : il s'agit des phases de Ruddlesden-Popper (RP) qui se distinguent par leurs propriétés électriques et catalytiques. Les nickelates de lanthane font partie des phases RP qui ont été étudiées en vue de leur application comme cathode SOFC sous forme de couche mince. Le présent travail s'appuie sur des études déjà initiées au laboratoire [20, 21, 29, 30, 31, 32], afin de proposer un protocole optimisé de préparation de couches épaisses de nickelates de lanthane qui seront testés comme cathode de cellule SOFC. Dans le paragraphe suivant, nous allons préciser les mécanismes de réduction de l'oxygène à la cathode dans un matériau conducteur électronique et dans un matériau à conduction mixte (électronique et ionique).

I.2.4 Réduction de l'oxygène à la cathode.

L'oxygène gazeux est réduit en ions O^{2-}, grâce aux électrons qui arrivent à la cathode via le circuit extérieur (équation I.2).

a) Cathode à conduction électronique pure

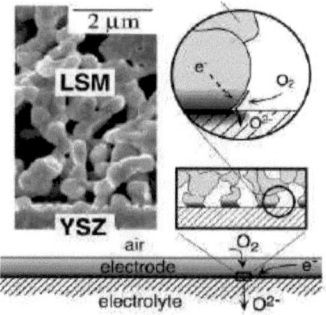

Figure I.3a Réduction de l'oxygène dans un matériau conducteur électronique pur [33]

L'oxygène gazeux traverse la cathode poreuse jusqu'à l'interface cathode-électrolyte, où il est alors réduit grâce aux électrons qui circulent dans la cathode (Figure I.3a [33]). Cette interface cathode-électrolyte-oxygène gazeux est appelée point de triple contact (Triple Phase Boundary -TPB- [14, 33, 34]). Les ions O^{2-} diffusent dans l'électrolyte à partir du point de triple contact et sont ensuite acheminés vers l'anode.

b) Cathode à conduction mixte électronique et ionique (Mixed Ionic-Electronic Conducting –MIEC-).

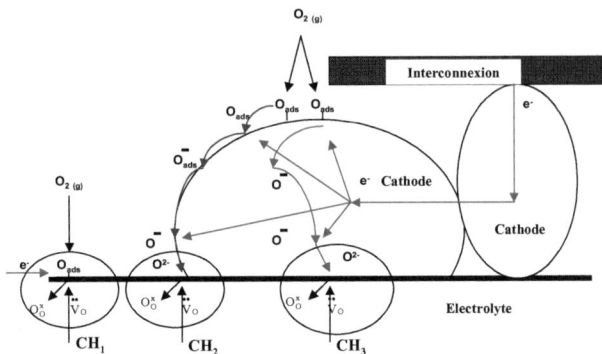

Figure I.3b Réduction de l'oxygène dans un matériau conducteur mixte (électronique et ionique)

Dans le cas de tels matériaux, la réduction de l'oxygène peut s'effectuer selon plusieurs voies (fig. I.3b) [35, 36, 37, 38] :

- Réaction de l'oxygène moléculaire avec des électrons à la surface de l'électrolyte (CH_1)
- Dissociation et absorption de l'oxygène, réduction par les électrons arrivant à travers la cathode suivis par la diffusion de O^{2-} :

    a) à la surface de la cathode vers l'électrolyte (CH_2).

    b) à l'intérieur du volume de la cathode vers l'électrolyte (CH_3).

La prédominance de l'un de ces chemins réactionnels dépend des propriétés du matériau de cathode, microstructure, conduction électronique, cinétique propre de réduction et conduction des ions O^{2-}. On caractérise les propriétés électrocatalytiques et de transport de la cathode par les deux paramètres que sont le coefficient d'échange de surface "k" et le coefficient de diffusion de l'oxygène "D*".

Par rapport à un matériau classique de cathode, c'est à dire seulement conducteur électronique, un matériau de cathode conducteur mixte présente des surfaces actives considérablement augmentées, puisque, après réduction de l'oxygène, tout le volume de la cathode permet la circulation des ions O^{2-} vers l'électrolyte ; la zone active n'est donc plus limitée à l'ensemble des points de triple contact. Les ions O^{2-} s'insèrent dans les lacunes de l'électrolyte en laissant eux-mêmes des espaces vacants dans le matériau de cathode, ce qui produit une sorte de "pompage" [39].

I.3 Séries de Ruddlesden Popper $A_{n+1}M_nO_{3n+1}$ (matériaux de cathode)

Le premier de ces matériaux, reporté par Ruddlesden-Popper en 1958 [40], a été $Sr_{n+1}Ti_nO_{3n+1}$. D'autres composés de même structure ont été décrits et répondent à la formule générale $A_{n+1}M_nO_{3n+1}$ connue sous le nom de phases de Ruddlesden-Popper [41]. La structure de ces matériaux a conduit à les envisager comme matériaux potentiels de cathode pour l'application dans les SOFC [20 ,35, 37, 41, 42, 43]

Ces phases sont constituées par des feuillets de structure pérovskite $(AMO_3)_n$ qui alternent avec des feuillets "AO", de type NaCl, empilés selon la direction cristallographique "c". La structure pérovskite est constituée d'octaèdres MO_6 liés par leurs sommets dans les trois directions de l'espace. L'élément "A" est entouré par 12 atomes d'oxygène et se situe au centre du réseau d'octaèdres MO_6 [20, 44,] (Figure I.4 [45]). Dans la couche saline "AO" chaque atome présente une coordination octaédrique (Figure I.6-b).

La structure peut également être représentée par $AO(AMO_3)_n$. "A" est généralement une terre rare (La, Nd…), "M" est un métal de transition (Ni, Ti…) et "n" varie de 1 à ∞ [20, 21, 40, 46, 47, 48].

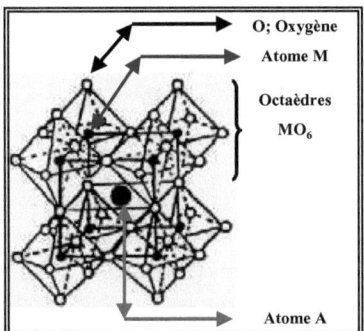

Figure I.4 Structure pérovskite AMO_3

Sur la figure I.5 sont représentées les phases de Ruddlesden-Popper pour les valeurs n=1, 2,3,…∞, qui correspondent respectivement aux structures A_2MO_4, $A_3M_2O_7$, $A_4M_3O_{10}$ et AMO_3 [41 , 49].

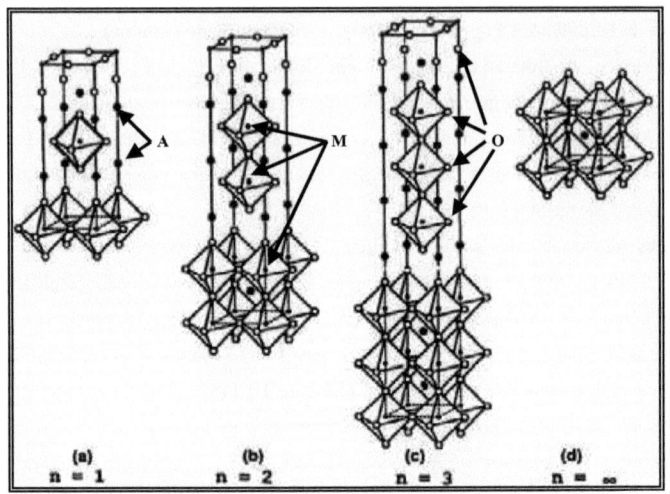

Figure I.5 Structure quadratique idéale des phases de Ruddlesden-Popper $La_{n+1}Ni_nO_{3n+1}$. Les cercles pleins (petit et moyen) se réfèrent à "A" et "M" respectivement ; le cercle vide correspond aux atomes d'oxygène.

I.3.1 Composés $A_{n+1}M_nO_{3n+1}$ (n=1 et n=3)

A_2MO_4 (n=1)

Le composé A_2MO_4 de structure K_2NiF_4 présente des plans d'octaèdres MO_6 décalés les uns par rapport aux autres de (½, ½, ½) et séparés par des feuillets AO (Fig I.6 [45]).

En considérant que le métal M est de coordination plan carré (MO_2), la structure peut être décrite comme une succession de feuillets de plans carrés MO_2 et de couches A_2O_2 de type NaCl [20] (Fig I.6-a [42]) :

$A_4M_3O_{10}$ (n=3)

Les oxydes $A_4M_3O_{10}$ répondent à la formule générale $A_{n+1}M_nO_{3n+1}$ dont la structure a été mise en évidence pour la première fois sur le composé $Sr_4Ti_3O_{10}$ (section I.3) [47]. Nous avons mentionné dans le paragraphe I.3 que pour ces oxydes il existe une couche saline et trois couches pérovskites. L'augmentation du nombre des liaisons M-O-M et l'accroissement des sites vacants permettent d'augmenter les propriétés de transport.

I.3.2 Déformations structurales dans les composés (A₂MO₄ et A₄M₃O₁₀)

Dans les composés A_2MO_4 et $A_4M_3O_{10}$, la présence des cations A et M de tailles différentes est responsable d'une distorsion importante au sein de la structure. Cette déformation, décrite dans la littérature [50], est représentée sur la figure I.7 [37]. Le facteur de tolérance de Goldschmidt (t) traduit l'écart à la symétrie idéale de la couche saline et du plan covalent (MO_2) dans la pérovskite :

$$t = d_{A-O} / \sqrt{2}\, d_{M-O} \qquad \text{I.8 [21]}$$

Les variables de l'équation I.8 sont d_{A-O} et d_{M-O}, qui représentent respectivement les distances cation A -oxygène et cation M-oxygène dans la pérovskite. Pour $t \approx 1$ la structure est non distordue de symétrie quadratique ("tetragonal" type T –Figure I.6 [42, 45])

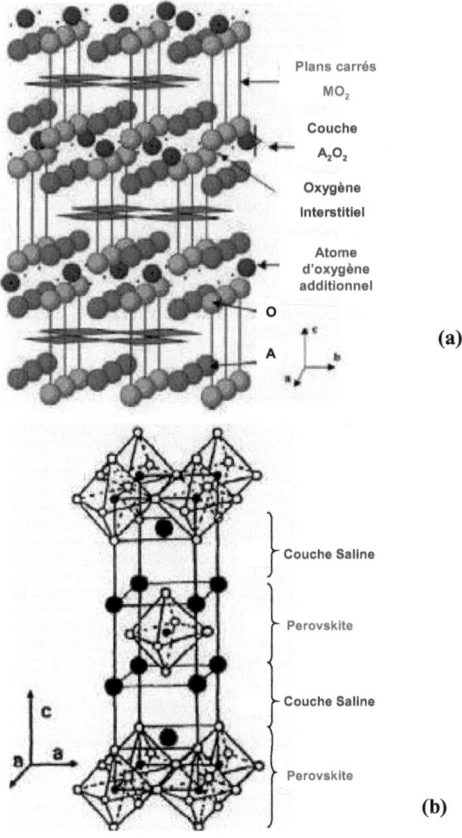

(a)

(b)

Figure I.6 (a) (b) Structure de la phase quadratique type T (A₂MO₄)

- 16 -

Lorsque $0,87 < t < 1$, la structure subit une distorsion orthorhombique [20, 51, 52], (type T/O – Figure I.7).

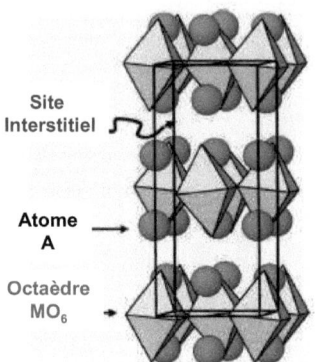

Figure I.7 Structure distordue de symétrie orthorhombique de type T/O ($A_2MO_{4+\delta}$) [37]

Déformations structurales dans les composés A_2MO_4

Pour les oxydes de structure K_2NiF_4, la valeur de "t" augmente avec le taux de Ni^{3+} dans le composé. Le tableau I.2 emprunté à la référence [20] donne les valeurs de t des composés Ln_2MO_4 (Ln = La, Pr, Nd et M= Co, Cu, Fe, Ni) ; ces valeurs sont inférieures à 1.

Tableau I.2 : Facteurs de tolérance t calculés pour divers oxydes de structure T/O					
Structure type	**T/O**				
Composition	Nd_2NiO_4	$LaSrFeO_4$	$LaSrNiO_4$	La_2NiO_4	La_2CuO_4	Pr_2NiO_4
Facteur "t"	0,84	0,92	0,94	0,87	0,86	0,86

Plusieurs travaux [20, 21, 42, et 51] ont mis en évidence que pour de telles valeurs (t<1), les plans MO_2 sont en compression et de fortes contraintes existent dans la structure.

La diminution des contraintes est possible grâce à un basculement des octaèdres autour de l'axe "a" (Figure I.7), obtenu, selon certains auteurs [53] par l'intercalation d'oxygène interstitiel -en position $(0,25.\ 0,25.\ z \approx 0,25)$ - dans le plan A_2O_2; cette sur-stœchiométrie δ en oxygène provoque simultanément l'oxydation d'une partie des cations métalliques Ni^{2+} en Ni^{3+} dans le cas des nickelates de lanthane [54].

Déformations structurales dans les composés $A_4M_3O_{10}$ (A=La, Pr, Nd, M=Ni)

Dans ces composés, le calcul du facteur de tolérance de Goldschmidt, présenté par Z. Zhang et al [50], donne des valeurs légèrement inférieures à la valeur idéale de 1 (tableau I.3) ; la distorsion structurale est moins forte que dans les composés A_2NiO_4. Il y a donc moins de possibilités d'insertion d'oxygène dans la structure ; en particulier le composé $La_4Ni_3O_{10}$ est considéré comme étant stœchiométrique [41, 50]

Tableau I.3 Facteur de tolérance t ($A_4Ni_3O_{10}$ –A=La, Pr, Nd-)		
Structure type :	T/O	
Composition	$La_4Ni_3O_{10}$	$Pr_4Ni_3O_{10-\delta}$	$Nd_4Ni_3O_{10-\delta}$
Facteur "t"	0,932	0,917	0,910

I.3.3 Détermination du taux de non-stœchiométrie en oxygène.

L'insertion d'oxygène dans la structure est responsable de la sur-stœchiométrie "δ", qui est déterminée par dosage iodométrique et/ou analyse thermo-gravimétrique sous atmosphère partiellement ou complètement réductrice. Nous reportons ci-dessous les principaux travaux portant sur la détermination du taux de non-stœchiométrie "δ".

Composés A_2MO_4

Parmi ces matériaux nous apportons une attention particulière au composé A_2MO_4 (A=La, M=Ni) pour lequel une sur-stœchiométrie en oxygène a été mise en évidence [53, 55]

Tableau I.4 : Sur-stœchiométrie "δ" dans les composés A_2MO_4.			
δ (20°C)	Préparation	Mode de détermination	Références
$La_2NiO_{4+\delta}$			
0,15-0,19		Iodométrie	[20, 56]
0,12 et 0,22 0,22 et 0,23	Sol- Gel	TPR Iodométrie	[30 ,31]
0,17		TPR	[57]
0,14		Iodométrie	[39]
0,12	Synthèse à l'état solide	Iodométrie	[58]
0,11	Cristallisation par fusion de zone	TPR	[59]

La$_2$Ni$_{1-x}$Cu$_x$O$_{4+\delta}$			
0,13 (x=0,25) 0,09 (x=0,50) 0,05 (x=0,75)	Nitrate-citrate	Iodométrie	[37]
Nd$_2$NiO$_{4+\delta}$			
0,21	Nitrate-citrate	Iodométrie	[35]
Pr$_2$NiO$_{4+\delta}$			
0,21	Nitrate-citrate	Iodométrie	[35]

Des valeurs plus importantes de δ (jusqu'à 0,25), ont été déterminées sous atmosphère oxydante ou par oxydation électrochimique [21, 29, 60].

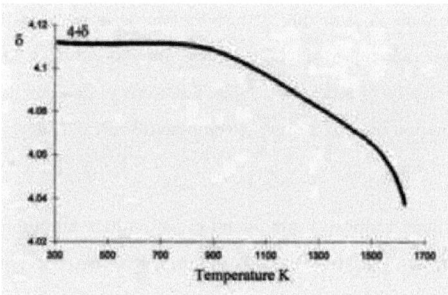

Figure I.8 Variation de δ en fonction de la température pour La$_2$NiO$_{4+\delta}$ sous air [59]

La figure I.8 montre l'évolution de "4+δ" en fonction de la température pour La$_2$NiO$_{4+\delta}$, d'après les travaux de Poirot et al [59] ; on peut en déduire l'évolution de δ. Lorsque la température augmente on distingue plusieurs régimes sur la courbe : de 300 à 800 K , δ est presque constant ; au-dessus de 800 K, δ diminue et la diminution s'accélère quand la température augmente. La valeur de δ est reliée à la capacité d'absorption de l'oxygène dans les matériaux Ln$_2$NiO$_{4+\delta}$, qui se produit par le biais d'un mécanisme complexe de diffusion des ions oxygène interstitiels dans la couche saline et des lacunes d'oxygène dans la pérovskite [61].

Composés $A_4M_3O_{10}$ (A=La, Pr, Nd, M=Ni)

Différents auteurs montrent que la valeur de δ est égale à zéro pour $La_4Ni_3O_{10}$ à 20 °C [50, 62] ; à la même température, les composés $Pr_4Ni_3O_{10}$ et $Nd_4Ni_3O_{10}$ sont déficitaires en oxygène (δ= -0,15) [50].

Afin d'évaluer la sous-stœchiométrie δ en oxygène dans ces composés, des analyses de thermogravimétrie ont été effectuées sous atmosphère partiellement ou totalement réductrice (Tableau I.5) [50, 63]:

Tableau I.5 Sous-stœchiométrie δ dans les matériaux $A_4M_3O_{10}$				
Atmosphère	$La_4Ni_3O_{10-\delta}$	$Pr_4Ni_3O_{10-\delta}$	$Nd_4Ni_3O_{10-\delta}$	Référence
99% H_2	2	2	2	[63]
6 %H_2- N_2	0	--	--	
10 % H_2- Ar	0	0,15	0,15	[50]
Débit de H_2	0,16	----	---	[49]
5 % H_2- Ar	0,22	---	---	[46]

La recalcination sous oxygène pur, de la température ambiante jusqu'à 760 °C, des oxydes réduits $A_4M_3O_8$ (99% H_2) a redonné la phase originale $A_4M_3O_{10}$ [63], ce qui montre la réversibilité de la réduction.

I.3.4 Conductivité électrique des composés A_2MO_4 et $A_4M_3O_{10}$

La conductivité électrique totale de ces oxydes a été mesurée à l'air, elle comprend une contribution électronique et une contribution ionique beaucoup plus faible ; on peut considérer, en première approximation, que la conductivité mesurée correspond à la conductivité électronique.

La mesure de conductivité électrique totale est généralement réalisée à l'air pour des températures comprises entre 20 et 900 °C. La méthode fait appel à un dispositif "4 points", présenté sur la figure I.9. Les contacts entre les électrodes et la cathode sont assurés par une goutte de laque de platine ; ils sont considérés ponctuels et équidistants. Cette technique de mesure donne directement accès à la valeur la conductivité électrique. La principale difficulté réside dans la détermination du facteur de forme reliant la conductivité de la couche à la conduction expérimentale selon l'équation : σ =S·K, avec σ : conductivité en $\Omega^{-1}\cdot cm^{-1}$, S : conduction en Ω^{-1} obtenue à l'aide du dispositif expérimental et K : facteur de forme en cm^{-1} [35, 37, 64, 65],

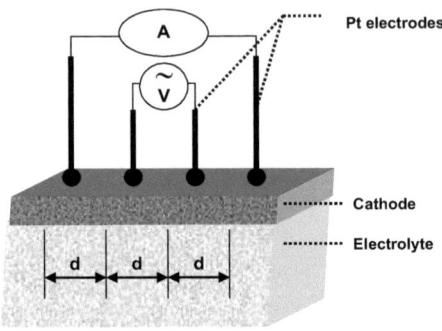

Figure I.9 Dispositif 4 points pour la mesure de la conductivité électrique

A₂MO₄

Les résultats de conductivité électrique de quelques composés sont reportés sur les figures I.10a et 10b empruntées aux travaux de E. Boehm et al [35] et Nishiyama et al [64]. La figure I.10a est relative aux composés $Ln_2NiO_{4+\delta}$ (Ln=La, Nd, $Nd_{2-x}Ca_x$, Pr) et la figure I.10b se rapporte aux nickelates de lanthane dans lesquels une partie du nickel est substituée par du cobalt. Les courbes présentent la même allure dans les deux cas : de la température ambiante à 400 °C, la conductivité électrique augmente avec la température ce qui caractérise un comportement semi-conducteur ; au-dessus de 400 °C, la conductivité décroît [64]. Ceci est dû à une diminution de l'oxygène interstitiel et par conséquent de la concentration des ions M^{3+} du métal à valence mixte [35].

Nous notons que la conductivité électrique du Praséodyme (Pr) est supérieure à celles du Néodyme (Nd) et du Lanthane (La) à 700 °C (figure I.10a). Cependant il peut former des phases secondaires à température intermédiaire avec l'électrolyte YSZ [20, 66]. Sur la même figure, la conductivité des composés du Néodyme $Nd_{2-x}NiO_{4+\delta}$ (X=0. 0,05. 0,10) à 700 °C varie dans un intervalle assez large de l'ordre de 35 à 100 S cm^{-1}.

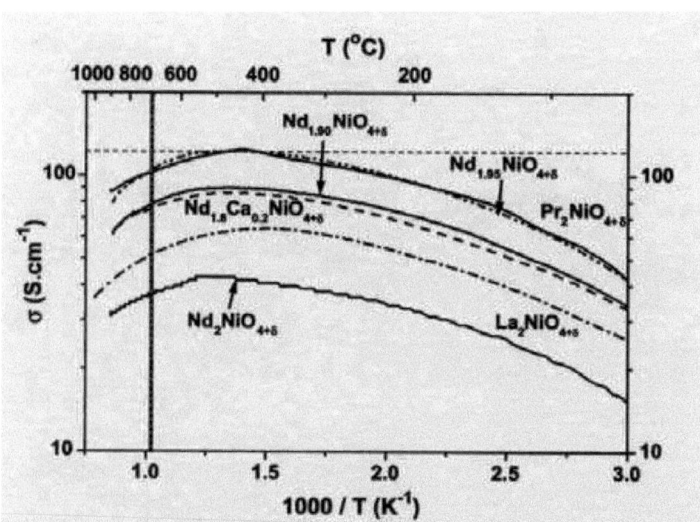

Figure I.10a Conductivité électrique en fonction de la température pour Ln₂MO₄₊δ [35]

Dans le cas des nickelates de lanthane, la conductivité est plus élevée pour le composé non substitué La₂NiO₄₊δ (50 et 70 S cm⁻¹) que pour les composés partiellement substitués par le cobalt (La₂Ni₁₋ₓCoₓO₄₊δ [67, 68]) -figure I.10b-, le cuivre (La₂Ni₁₋ₓCuₓO₄₊δ [20, 67]) et le fer (La₂Ni₁₋ₓFeₓO₄₊δ [66]) à 700 °C.

Pour la température de fonctionnement visée (700 °C), nous avons relevé, dans la littérature, les valeurs de conductivité électrique de La₂NiO₄₊δ, de composés substitués de la famille A₂MO₄₊δ et de pérovskites. Elles sont reportées dans le tableau I.6.

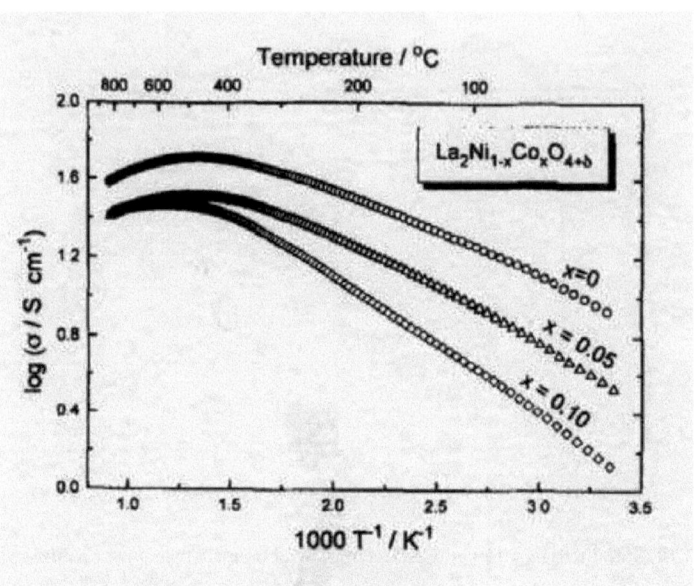

Figure I.10b Conductivité électrique en fonction de la température pour La₂Ni₁₋ₓCoₓO₄₊δ (x=0, 0,05 et 0,10) [64]

Tableau I.6a Conductivité électrique de La₂MO₄₊δ (700 °C)		
La₂MO₄₊δ	**S cm⁻¹**	**Référence**
La₂NiO₄₊δ	70	69
La₂NiO₄₊δ	67	68
La₂NiO₄₊δ	50	20
La₂Cu₀.₉₈Co₀.₀₂O₄₊δ	13	66
La₂Cu₀.₇₀Co₀.₃₀O₄₊δ	7	66
La₂Ni₀.₈₈Fe₀.₀₂Cu₀.₁₀O₄₊δ	40	66

Tableau I.6b Conductivité électrique de pérovskites (700 °C)		
Pérovskite	**S cm⁻¹**	**Référence**
LaNi₀.₆₀Fe₀.₄₀O₃	344	70
LaCoO₃	1000	71
Ln₁₋ₓSrₓMnO₃ (Ln=La, Pr, Nd, Sm, Gd)	100-300	13

- Les conductivités électriques les plus élevées sont mesurées dans le cas des pérovskites (tableau I.6b), mais ces matériaux peuvent présenter des problèmes de stabilité en formant des phases secondaires au contact de l'électrolyte YSZ [9, 13], ce qui dégrade les performances de la pile à combustible

- Dans le cas des nickelates de lanthane, la conductivité est meilleure pour le composé non substitué $La_2NiO_{4+\delta}$ (tableau I.6a), ce qui conforte la poursuite de l'étude de ce matériau.

Conductivité électrique des composés $A_4M_3O_{10}$

L'augmentation du nombre des couches pérovskites de n=1 ($A_2MO_{4+\delta}$) à n=3 ($A_4M_3O_{10}$) améliore la conductivité électronique des composés comme le montre la comparaison des tableaux I.6 et I.7. En outre, le composé $La_4Ni_3O_{10}$ présente une conductivité plus élevée que celle de $La_4Co_3O_{10}$; elle est d'ailleurs mesurable à température ambiante [46, 50, 72]

Tableau I.7 Conductivité électrique de $La_4M_3O_{10}$ à 700 °C		
Composition	S cm^{-1}	Référence
$La_4Ni_3O_{10}$	95	46, 68
$La_4Ni_3O_{10}$	94	49
$La_4Co_3O_{10}$	40	72

I.3.5 Conductivité ionique

La diminution de la température de fonctionnement de la pile SOFC diminue le taux de réduction de l'oxygène. La conduction ionique et le transfert d'ions O^{2-} à l'interface cathode-électrolyte doivent être améliorés afin d'optimiser le rendement. La conduction ionique par O^{2-} est liée à la présence de défauts structuraux qui peuvent être de deux types : i) lacunes d'oxygène, comme dans les pérovskites sous-stœchiométriques en oxygène ou ii) atomes d'oxygène interstitiel associés à une sur-stœchiométrie en oxygène, comme dans les oxydes de type K_2NiF_4. La détermination de la conduction ionique σ_i est effectuée selon les procédures suivantes :

a) l'échange isotopique O^{16}/O^{18} couplé à l'analyse par spectrométrie de masse des ions secondaires (SIMS). Elle conduit à la détermination des coefficients D* et k [37, 43, 73] :

- D* : coefficient de diffusion de l'oxygène, lié à la conductivité ionique
- k : coefficient d'échange de surface, caractérisant les propriétés électrocatalytiques du matériau (cinétique de réduction de l'oxygène à la surface de la cathode) [20, 73]

b) technique du flux de semi-perméabilité pour mesurer indifféremment la conduction ionique ou électronique, lorsque l'une de ces grandeurs est minoritaire [67, 74, 75,]

c) relaxation de conductivité : l'échantillon est soumis à une variation brutale de pression d'oxygène et la conductivité électrique est mesurée en fonction du temps jusqu'à ce qu'un équilibre soit atteint. Cette technique permet la détermination du coefficient de diffusion "chimique" de l'oxygène Ď lié au coefficient de diffusion D* [43].

Dans le tableau I.8 sont reportés les coefficients de diffusion de l'oxygène et d'échange de surface à 700 °C obtenus par différentes équipes de recherche :

Tableau I.8 Coefficients D^* et k (700 °C) de matériaux $A_2NiO_{4+\delta}$			
Composition	D^* (cm^2 s^{-1})	k (cm s^{-1})	Référence
$La_2NiO_{4+\delta}$	$3,20 \times 10^{-8}$	$1,60 \times 10^{-7}$	[76]
$La_2NiO_{4+\delta}$	$3,40 \times 10^{-8}$	$1,75 \times 10^{-7}$	[77]
$La_2NiO_{4+\delta}$	$5,50 \times 10^{-8}$	$2,00 \times 10^{-6}$	[21]
$La_2NiO_{4+\delta}$	$7,00 \times 10^{-8}$	$2,30 \times 10^{-6}$	[37]
$La_2Ni_{0.75}Cu_{0.25}O_{4+\delta}$	$4,00 \times 10^{-8}$	$1,50 \times 10^{-6}$	[37]
$La_2 Ni_{0.5}Cu_{0.5}O_{4+\delta}$	$7,50 \times 10^{-8}$	$5,00 \times 10^{-7}$	[43]
$La_2Ni_{0.25}Cu_{0.75}O_{4+\delta}$	$2,00 \times 10^{-8}$	$1,50 \times 10^{-7}$	[37]
$La_2CuO_{4+\delta}$	$1,50 \times 10^{-8}$	$1,60 \times 10^{-6}$	[37]
$La_2Ni_{0.9}Co_{0.1}O_{4+\delta}$	$2,50 \times 10^{-8}$	$1,60 \times 10^{-6}$	[76]
$La_2Ni_{0.8}Co_{0.2}O_{4+\delta}$	$4,00 \times 10^{-8}$	$7,90 \times 10^{-7}$	[76]
$La_2Ni_{0.5}Co_{0.5}O_{4+\delta}$	$8,00 \times 10^{-8}$	$1,30 \times 10^{-6}$	[76]
$La_{1.9}Sr_{0.1}NiO_{4+\delta}$	$1,00 \times 10^{-8}$	$1,70 \times 10^{-7}$	[77]
$Nd_2NiO_{4+\delta}$	$5,00 \times 10^{-8}$	$3,00 \times 10^{-7}$	[42]
$Pr_2NiO_{4+\delta}$	$9,00 \times 10^{-8}$	$1,00 \times 10^{-6}$	[20]
Pérovskites			
$La_{0.8}Sr_{0.2}MnO_{3+\delta}$	$1,00 \times 10^{-15}$	$4,00 \times 10^{-9}$	
$La_{0.8}Sr_{0.2}Mn_{0.8}Fe_{0.2}O_{3+\delta}$	$3,00 \times 10^{-15}$	$6,00 \times 10^{-10}$	
$La_{0.8}Sr_{0.2}Mn_{0.5}Fe_{0.5}O_{3+\delta}$	$5,00 \times 10^{-16}$	$3,00 \times 10^{-10}$	
$La_{0.8}Sr_{0.2}Mn_{0.2}Fe_{0.8}O_{3+\delta}$	$1,00 \times 10^{-13}$	$2,00 \times 10^{-9}$	[78]
$La_{0.8}Sr_{0.2}FeO_{3+\delta}$	$1,00 \times 10^{-9}$	$1,00 \times 10^{-7}$	
$La_{0.8}Sr_{0.2}CoO_{3+\delta}$	$3,00 \times 10^{-10}$	$1,00 \times 10^{-10}$	

Les valeurs de ce tableau conduisent aux remarques suivantes :

- les coefficients de diffusion d'oxygène de $La_2NiO_{4+\delta}$ déterminés par différents auteurs sont du même ordre de grandeur

- dans les composés $La_2Ni_{1-x}Cu_xO_{4+\delta}$ où le nickel est partiellement substitué par le cuivre, le coefficient de diffusion de l'oxygène diminue quand le taux de cuivre augmente, ce qui conforte le choix de $La_2NiO_{4+\delta}$

- la substitution du nickel par le cobalt ($La_2Ni_{1-x}Co_xO_{4+\delta}$) améliore le coefficient de diffusion de l'oxygène à partir de 20% de cobalt.

- la plus grande valeur du coefficient de diffusion est obtenue pour $Pr_2NiO_{4+\delta}$. Néanmoins, il peut présenter des phases secondaires avec l'électrolyte à température intermédiaire [20, 79].

- les coefficients de diffusion des matériaux $A_2NiO_{4+\delta}$ sont plus élevés que ceux des pérovskites.

En ce qui concerne le coefficient d'échange de surface "k" :

- quand le nickel est substitué par le cobalt, le coefficient d'échange de surface est amélioré.

- les matériaux $A_2NiO_{4+\delta}$, et en particulier $La_2NiO_{4+\delta}$, présentent de meilleures propriétés électrocatalytiques que les pérovskites.

Une étude approfondie sur monocristal de $La_2NiO_{4+\delta}$, a été menée par J.M. Bassat et al [20, 39]. afin de déterminer dans quelle direction privilégiée se produisait le transport de l'oxygène. Les échanges isotopiques ont été réalisés dans le domaine de température 400 - 900 °C suivant le plan (a,b) et suivant l'axe "c". Nous reportons leurs résultats de mesure de D* et k sur la figure I.11.

- Pour le coefficient "D* -cm^2 s^{-1}-" (Figure I.11.a), une anisotropie est mise en évidence, les valeurs de D* dans le plan (a,b) étant plus élevées que celles mesurées suivant l'axe "c".

- Pour le coefficient "k - cm s^{-1}-" (Figure I.11.b), il n'apparaît pas d'anisotropie suivant les deux directions considérées et les valeurs sont du même ordre de grandeur.

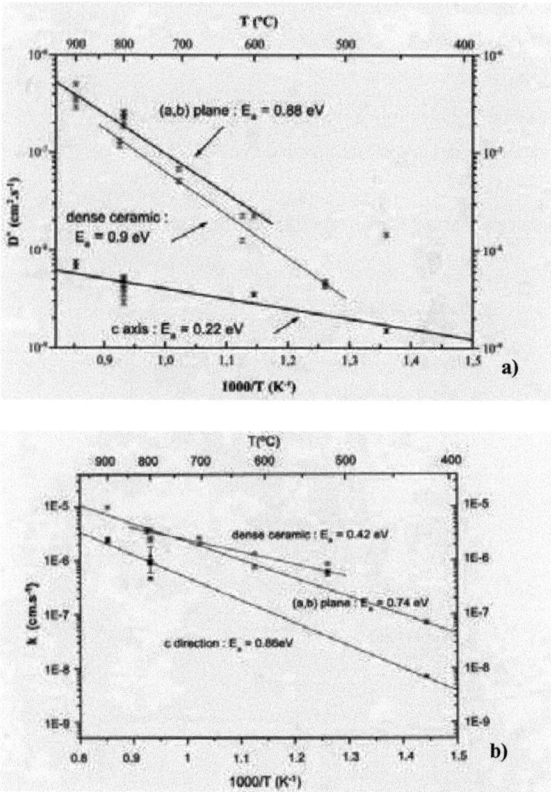

Figure I.11 D* vs. 1/T (a) et k vs. 1/T (b) pour un monocristal $La_2NiO_{4+\delta}$ (suivant (a,b)-■- et suivant la direction c −●-) et pour une céramique dense de même composition (▲) [39].

- 26 -

Les auteurs suggèrent un mécanisme de "poussée-traction" sur l'oxygène interstitiel et l'oxygène apical le long du plan (a,b) [39], qui devient donc une direction privilégiée pour la conduction de l'oxygène dans le matériau $La_2NiO_{4+\delta}$.

I.3.6 Résistance surfacique (ASR) des composés $A_2MO_{4+\delta}$ et $A_4M_3O_{10}$

Le mécanisme de réduction de l'oxygène à la cathode est encore un sujet de débat. Parmi les modèles proposés pour caractériser ce mécanisme, celui de Adler, Lane et Steele (ALS) [38, 80] est une référence qui a permis de caractériser la résistance surfacique des matériaux de cathode [36, 42, 81, 82].

Ce modèle pose que pour des matériaux à conduction mixte, l'impédance est dominée par la surface chimique d'échange de O_2 et de diffusion. L'impédance à polarisation nulle d'une cellule symétrique est exprimée par l'équation suivante [23, 33, 38, 80] :

$$Z = R_{\text{électrolyte}} + Z_{\text{interfaces}} + Z_{\text{chem}} \qquad \text{I.10}$$

Avec (figure I.12 [80]) :

$R_{\text{électrolyte}}$, résistance de l'électrolyte

$Z_{\text{interfaces}}$, l'impédance des transferts aux interfaces collecteur de courant / électrode et électrode / électrolyte

Z_{chem}, l'impédance chimique liée au non transfert de charge,

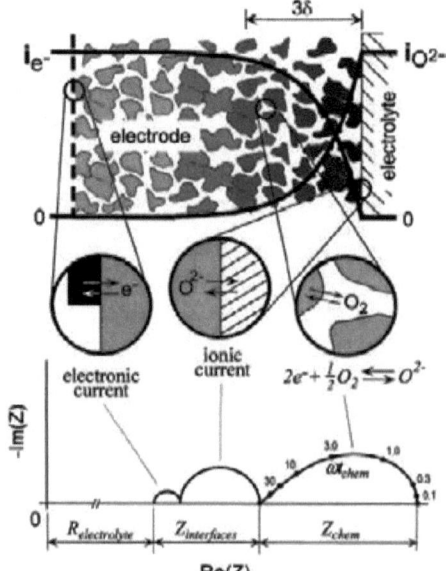

Figure I.12 Modèle de l'ALS pour un conducteur mixte poreux [80]

Résistance de polarisation surfacique

La résistance de polarisation Rp (Ω) est déterminée à partir du diagramme d'impédance :

$$Rp = Z_{interface} + Z_{chem} \qquad \text{I.11 [35, 80 ,82]}$$

Avec : $Z_{interface}$ à Moyenne Fréquence

            Z_{chem} à Basse Fréquence

            $R_{électrolyte}$ à Haute Fréquence

La résistance de polarisation Rp permet de calculer la résistance surfacique (ASR). La surface "S" des électrodes est exprimée en cm^2 et le coefficient 1/2 tient compte de la symétrie de la cellule :

$$ASR = (Rp) \cdot S \cdot (1/2) \qquad \text{I.12 [35, 82]}$$

La résistance surfacique (ASR, en $\Omega \cdot cm^2$) caractérise les performances d'une demi-cellule symétrique électrode/électrolyte/électrode.

Composé $A_2MO_{4+\delta}$

Les valeurs d'ASR de différents matériaux, disponibles dans la littérature, sont difficiles à interpréter, compte tenu des différentes conditions expérimentales de mesures. C'est la raison pour laquelle nous présentons et nous comparons les résultats obtenus par différentes équipes pour les matériaux $A_2MO_{4+\delta}$ et ABO_3 dans les tableaux I.9 et I.10.

Tableau I.9 Résistance surfacique des matériaux $A_2MO_{4+\delta}$ et ABO_3 à 700 °C			
Matériaux	**ASR (Ω.cm$^{2)}$)**	**Référence**	**Caractéristiques**
$A_2MO_{4+\delta}$			
$La_2NiO_{4+\delta}$	35,0	20 ,43	épaisseur de cathode $\approx$ 15 µm
$La_2NiO_{4+\delta}$	8,0	82	poudre attritée
$La_2NiO_{4+\delta}$	6	68	déposé sur électrolyte LSGM
$Nd_2NiO_{4+\delta}$	37,0	43	
$Nd_2NiO_{4+\delta}$	2,0	82	poudre attritée
$Pr_2NiO_{4+\delta}$	10,0	43	
$Pr_2NiO_{4+\delta}$	0,4	82	poudre attritée
Note: Dans tous les cas, le matériau de cathode est déposé par "peinture" sur l'électrolyte dense YSZ à 8% d'Yttrium, sauf dans [68]			
ABO_3			
$(La_{0,8}Sr_{0,2})(Mn_{1-y}Fe_y)O_{3\pm\delta}$			
LSF (y=1.0)	562		Electrolyte YSZ
LSMF (y=0.8)	1780		Frittage 1400 °C – 4h00
LSMF (y=0.5)	1780	78	Dip coating –Sol gel-
LSMF (y=0.2)	1000		Epaisseur nm
LSM (y=0.0)	398		
LSM (y=0.0)	60	20 ,43	Électrolyte 8YSZ

La comparaison de ces résultats conduit aux remarques suivantes :

1. les matériaux $A_2MO_{4+\delta}$ ont une ASR plus petite que les pérovskites dans les mêmes conditions de température

2. les valeurs d'ASR des matériaux attrités sont plus petites que pour les matériaux non attrités

3. $Pr_2NiO_{4+\delta}$ présente une valeur d'ASR particulièrement faible, mais il peut former des phases secondaires isolantes à température intermédiaire avec l'électrolyte YSZ [20, 79]

4. les ASR de $La_2NiO_{4+\delta}$ déposé sur les électrolytes 8YSZ et LSGM sont du même ordre de grandeur (8 et 6 $\Omega.cm^2$ respectivement) .

Pour les deux familles de composés $A_2MO_{4+\delta}$ et ABO_3, des résultats différents ont été obtenus par l'équipe de S. Barnett ; ils sont reportés dans le tableau I.10.

Tableau I.10 Résistance surfacique des matériaux $A_2MO_{4+\delta}$ et ABO_3 à 700 °C			
Matériaux	**ASR ($\Omega.cm^{2)}$)**	**Référence**	**Caractéristiques**
$A_2MO_{4+\delta}$			
$La_2NiO_{4+\delta}$	0,12	21, 32	déposé sur électrolyte 8YSZ procédé dip-coating sol gel épaisseur de cathode $\approx$ 400 nm
ABO_3			
LSCF	0,60		électrolyte YSZ frittage entre 900 et 1150 °C spin coating épaisseur 10 à 40 µm
LSCF-GDC20	0,20		
LSCF-GDC30	0,06	83	
LSCF-GDC40	0,06		
LSCF-GDC50	0,03		
LSCF-GDC60	0,10		

Note: $La_{0,6}Sr_{0,4}Co_{0,2}Fe_{0,8}O_3$ (LSCF) et composite LSCF– $Ce_{0,8}Gd_{0,2}O_3$ (GDC - 20 à 60 wt.%).

Ces résultats conduisent aux remarques suivantes :

• Les matériaux pérovskites composites ont des valeurs d'ASR particulièrement faibles, mais ils présentent des contraintes thermiques avec YSZ et ils peuvent former des phases isolantes à l'interface électrode/électrolyte au cours du traitement thermique [83].

• $La_2NiO_{4+\delta}$ en couche mince présente des valeurs d'ASR aussi favorables que les pérovskites composites.

Composés $A_4M_3O_{10}$

Pour ces matériaux, les résultats essentiels sont résumés dans le tableau I.11 :

Tableau I.11 Résistance surfacique de matériaux $A_4M_3O_{10}$ à 700 °C			
Matériaux	**ASR ($\Omega.cm^{2)}$)**	**Référence**	**Caractéristiques**
$La_4Ni_3O_{10}$	3	46, 68, 72	Electrolyte LSGM
$La_4Ni_{2.8}Co_{0.2}O_{10}$	9	72	Electrolyte LSGM
$La_4Ni_{2.6}Co_{0.4}O_{10}$	6		

I.3.7 Stabilité, compatibilité chimique et dilatation thermique

Nous rappelons que les caractéristiques d'un matériau de cathode (voir cahier des charges) sont de présenter, pour la température de fonctionnement visée (700°C), une bonne stabilité chimique sous pression partielle d'oxygène, une compatibilité chimique avec l'électrolyte YSZ et un coefficient de dilatation proche de celui de YSZ.

Stabilité chimique sous air

La stabilité chimique de $La_2NiO_{4+\delta}$ sous différentes pressions partielles d'oxygène a été étudiée à plusieurs températures. Certains auteurs signalent la décomposition de la phase $La_2NiO_{4+\delta}$ en La_2O_3 + Ni à haute température (T>900 °C) et en atmosphère réductrice ou sous de très faibles pressions partielles d'oxygène [49, 84, 85]. Dans les conditions prévues pour le fonctionnement de la cathode (T≤ 700 °C, P_{O_2} ≥ 0.2 atm.) la décomposition n'intervient pas.

Compatibilité chimique.

Les composés de cathode ne doivent pas réagir dans le temps avec l'électrolyte YSZ pour les températures de fonctionnement souhaitées, comprises entre 600 et 800 °C. La formation de phases secondaires parasites affecte la conduction à l'interface cathode / électrolyte et par conséquent abaisse les performances de la pile.

Dans les paragraphes suivants nous reportons les résultats des travaux effectués par différents auteurs sur les composés $La_2NiO_{4+\delta}$ et $La_4Ni_3O_{10}$

$La_2NiO_{4+\delta}$

G.Amow et al. mettent en évidence, par diffraction de rayons X, la formation de phases secondaires à partir de poudre $La_2NiO_{4+\delta}$ calcinée à 900 °C sous air pendant deux semaines [46, 68].

Un mélange composite de poudres $La_2NiO_{4+\delta}$ et YSZ dans le rapport massique 1 / 1 traité pendant 5 jours à 800 °C donne des phases secondaires de type pyrochlore $La_2Zr_2O_7$ et pérovskite $LaNiO_{3-x}$. Le même mélange de départ traité à plus basse température (≈ 700 °C) pendant la même durée de calcination ne montre pas la formation de phases secondaires [20].

A_4M_3O_{10}, M=Ni, Co

Des tests de réactivité de la poudre $La_4Ni_3O_{10}$ calcinée à 900 °C pendant 2 semaines ont montré la stabilité du composé, attribuée à la stabilité du cation Ni^{3+} jusqu'à 900 °C [46].

La même équipe a montré que la poudre $La_4Co_3O_{10+\delta}$, mélangée avec l'électrolyte LSGM, puis chauffée à 900 °C pendant une semaine sous air, présentait la phase secondaire La_2O_3 [72].

Dilatation thermique

Les coefficients de dilatation thermique des composés $A_2MO_{4+\delta}$ et $A_4M_3O_{10}$ doivent être proches de celui de YSZ, afin d'assurer la meilleure compatibilité thermomécanique possible à l'interface électrode/électrolyte à la température requise, pendant le fonctionnement de la pile.

A_2MO_{4+\delta}

Les matériaux de type K_2NiF_4 ont un coefficient de dilatation compris entre $10,1 \cdot 10^{-6}$ et $13,8 \cdot 10^{-6}$ K^{-1} à 700 °C. Dans le tableau I.12 sont reportées les valeurs de coefficient de dilatation de différents matériaux de cathode :

Tableau I.12 Coefficient moyen de dilatation de quelques cathodes $A_2MO_{4+\delta}$			
Matériaux	Intervalle de température (°C)	Coefficient moyen de dilatation (10^{-6} K^{-1})	Référence
$La_2NiO_{4+\delta}$	20-1000	13,0	20
$La_2NiO_{4+\delta}$	75 - 900	13,8	46
$Pr_2NiO_{4+\delta}$	20-1000	13,6	20
$Pr_2CuO_{4+\delta}$	20-800	10,2	66
$Nd_2NiO_{4+\delta}$	20-1000	12,7	20
$Nd_2CuO_{4+\delta}$	20-780	10,1	66
$La_2CuO_{4+\delta}$	20-1000	13,8	20
$La_2Ni_{0.5}Cu_{0.5}O_{4+\delta}$	20-1000	12,8	20

En ce qui concerne les électrolytes (YSZ, CGO, GDC et LSGM), le coefficient de dilatation est compris entre $10,5 \cdot 10^{-6}$ et $12,5 \cdot 10^{-6}$ K^{-1} (Tableau I.13).

Tableau I.13 Coefficient moyen de dilatation de quelques électrolytes			
Matériaux	Intervalle de température (°C)	Coefficient moyen de dilatation (10^{-6} K^{-1})	Référence
YSZ	600-1000	10,5	20
YSZ	non précisé	10,8	86
CGO	600-1000	12,2	20
LSGM	600-1000	10,1	20
GDC	non précisé	12,5	86

Les coefficients de dilatation thermique des matériaux de cathode $A_2MO_{4+\delta}$ sont proches de ceux des électrolytes, en particulier YSZ (valeur moyenne : $10,7 \cdot 10^{-6}$ K^{-1}), ce qui les rend parfaitement compatibles, d'un point de vue thermomécanique, dans les conditions de fonctionnement.

Par comparaison, les pérovskites ont des coefficients de dilatation plus éloignés de ceux des électrolytes comme on peut le voir d'après les valeurs de la littérature reportées ci-dessous :

Tableau I.14 Coefficient moyen de dilatation de quelques pérovskites			
Matériaux	Intervalle de température (°C)	Coefficient moyen de dilatation (10^{-6} K^{-1})	Référence
LSFC	600-1000	16,2	20
LSFN	600-1000	14,3	20
LSM	600-1000	10 à 12	20
$La_{0,3}Sr_{0,7}CoO_{3-\delta}$	367-750	28,8	66
$SrCo_{0,85}Fe_{0,10}Cr_{0,05}O_{3-\delta}$	567 – 807	29,3	66
$LaNi_{0,5}Ga_{0,5}O_{3-\delta}$	20 - 827	11,4	66

Dilatation thermique de $La_4Ni_3O_{10}$

Le coefficient moyen de dilatation de $La_4Ni_3O_{10}$ a été déterminé dans l'intervalle de température 75 à 850 °C [46]. Il est égal à $13,2$ 10^{-6} K^{-1}, valeur proche de celle de $La_2NiO_{4+\delta}$, ($13,8 \cdot 10^{-6}$ K^{-1}) et par conséquent proche aussi de celle de l'électrolyte YSZ ($10,7 \cdot 10^{-6}$ K^{-1}).

I.4 Procédés d'élaboration et de mise en forme de matériaux de cathode par voie sol-gel

Ces travaux de thèse s'appuient sur des travaux antérieurs de l'Équipe Revêtements et Traitements de Surfaces dans le domaine des couches minces. Les films déjà obtenus sont de l'ordre de la centaine de nanomètres et ont montré un comportement électrochimique prometteur [21, 32].

Afin d'augmenter la quantité de matériau actif à la cathode, il a été envisagé la préparation de couches épaisses à partir du dépôt de suspensions homogènes contenant le matériau actif en poudre.

La méthode classique d'obtention des oxydes mixtes pulvérulents est une méthode par voie sèche à haute température [87]. Elle présente des inconvénients parce qu'elle entraîne une croissance des grains et de la taille des joints de grains qui rendent plus difficile le frittage des poudres.

En raison du savoir-faire de notre équipe [17 ,21, 25, 29, 30, 88, 89, 90, 91], les matériaux de cathode de piles SOFC ont été élaborés par chimie "douce". Cette étude s'appuie sur les travaux de thèse de Marie-Laure Fontaine [21], qui a élaboré et mis en forme des films minces de nickelates de lanthane par voie sol-gel. Nous utilisons le même procédé sol-gel pour préparer les matériaux actifs de cathode sous forme de poudres.

Les procédés sol-gel sont des voies de synthèse d'oxydes dans lesquels le sol est une suspension colloïdale ou polymère dans un solvant qui conduit à l'obtention de l'oxyde sous forme de poudre après des étapes de traitement thermique.

Les procédés de synthèse par voie sol-gel sont classés en trois catégories : la voie 'métallorganique', la voie 'alcoxyde' et la voie 'polymère'.

I.4.1 La voie "métallorganique"

Les précurseurs métalliques utilisés dans la voie métallorganique, sont des chélates à longues chaînes carbonées. En raison de leur coût élevé [17], cette voie est actuellement peu exploitée dans la synthèse de films minces d'électrolyte ou de cathode SOFC [92].

I.4.2 La voie "alcoxyde" [17, 21, 93]

Les précurseurs alcoxydes sont des composés de formule M(OR)n, où M désigne un métal de valence n, OR un groupement alcoxy avec R une chaîne alkyle. L'objectif de la méthode est de former soit un polymère inorganique, soit des colloïdes de tailles variables, par hydro-condensation des précurseurs alcoxydes. Cette réaction peut se décomposer en plusieurs étapes faisant intervenir une réaction d'hydrolyse (1) et différentes réactions de condensation (2), (3) (4).

$$M\text{-}OR + H_2O \rightarrow MOH + ROH \qquad (1)$$

$$2(M\text{-}OH) \rightarrow M\text{-}O\text{-}M + H_2O \qquad (2)$$

$$M\text{-}OR + HO\text{-}M \rightarrow M\text{-}O\text{-}M + ROH \qquad (3)$$

$$2\,(M\text{-}OH) \rightarrow M\text{-}(OH)_2\text{-}M \qquad (4)$$

La réaction d'hydrolyse est initiée par addition d'eau à la solution organique d'alcoxyde ; elle entraîne la création d'un groupement hydroxyle sur le monomère et l'élimination de l'alcool. Les réactions de condensation font suite à l'hydrolyse partielle de l'alcoxyde métallique et conduisent à la formation des liaisons M-O-M du réseau final de l'oxyde.

Trois types de réactions de condensation existent :

- La condensation par alcoxolation avec déshydratation (2),
- La condensation par oxolation avec désalcoolation (3),
- La condensation par oxolation avec formation de ponts hydroxo (4).

Les réactions d'hydrolyse et de condensation sont simultanées, voire compétitives : elles mettent en jeu des mécanismes d'addition et de substitution nucléophiles qui impliquent des étapes réactionnelles intermédiaires.

Le contrôle de la viscosité du sol est assuré par le contrôle du "degré de formation du polymère inorganique", ce dernier étant lui-même dépendant du taux d'hydrolyse. En ce point, réside la difficulté de la méthode. En effet, les alcoxydes ont une réactivité vis-à-vis de l'eau difficilement maîtrisable, et variable suivant les cations métalliques. De ce fait, il n'est pas toujours aisé de synthétiser un précurseur homogène donnant lieu à la formation d'oxydes mixtes purs. Dans certains cas, il est possible de pallier cet inconvénient, en introduisant des métaux de transition non condensables ou à forte réactivité sous forme de nitrates, carboxylates, hydroxydes ou acétates. Toutefois la méthode s'avère moins efficace car l'homogénéité des métaux dans le sol n'est plus réalisée à l'échelle moléculaire, mais à une échelle supérieure.

I.4.3 La voie polymère [17, 21]

Cette voie a pour origine le brevet déposé par Péchini en 1967 [94]. Le procédé consiste à incorporer des métaux le long de chaînes polymères organiques dans une solution précurseur. Dans le brevet initial, les chaînes polymères obtenues par une réaction d'estérification entre les acides polycarboxyliques (acide citrique) et les polyalcools (éthylène glycol), sont initiées par le chauffage de la solution à 80 °C. L'obtention d'un polymère chélatant qui complexe aléatoirement les métaux le long des chaînes polymères permet d'obtenir une homogénéité à l'échelle moléculaire qui favorise l'apparition de la phase oxyde désirée après un traitement thermique approprié. L'acide polyfonctionnel a le double rôle d'agent polymérisant (il forme le corps de la chaîne avec le polyalcool) et d'agent chélatant.

La plupart des auteurs utilisent ces procédés pour obtenir les oxydes sous forme de poudres [95, 96]. Le sol polymère est chauffé jusqu'à autocombustion afin d'obtenir la formation d'une résine intermédiaire amorphe, précurseur de l'oxyde.

La réaction d'estérification entre l'acide citrique, l'éthylène glycol et les précurseurs métalliques est schématisée sur la figure I.13 :

Tai et Lessing [97, 98] ont approfondi les travaux de Péchini et ont étudié la possibilité d'obtenir des oxydes purs par calcination directe de la résine. M. Gaudon et M.L Fontaine ont étudié l'influence des rapports molaires 'acide citrique/éthylène glycol' et 'agent complexant/métaux' sur la morphologie de la poudre [17, 97, 98]. M-L. Fontaine a reporté l'influence des agents chélatants sur la microstructure de la couche (épaisseur, taille de grain, porosité de la couche) [21, 29, 32, 99].

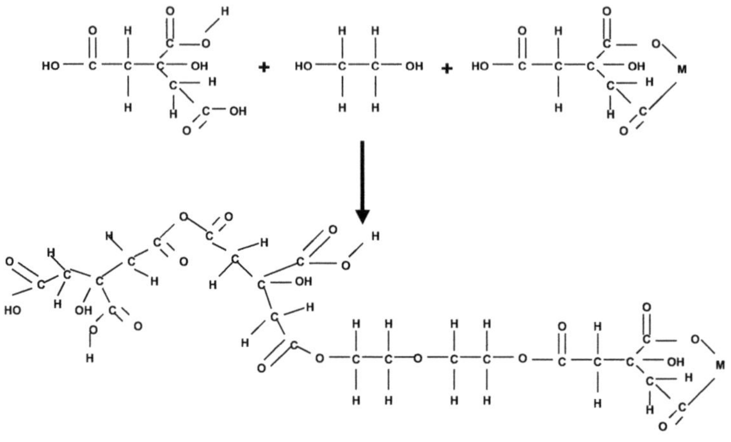

Figure I.13 Elaboration de sols polymères [100]

Les agents polymérisants peuvent être l'acétylacétone et l'hexaméthylènetétramine ; le solvant est alors composé d'un mélange d'eau et d'acide acétique [21, 29, 87, 101]. La polymérisation est une réaction d'hydrolyse entre les deux agents polymérisants et la chélation des métaux est réalisée par l'acétylacétone.

C'est ce dernier mode d'élaboration que nous avons choisi pour préparer les oxydes $La_2NiO_{4+\delta}$ et $La_4Ni_3O_{10}$, en suivant les protocoles de synthèse mis en place au laboratoire [21, 29, 88, 102].

I.5 Constituants des suspensions [17]

Le terme suspension désigne une dispersion de poudre dans un solvant aqueux ou organique ; il indique qu'une 'séparation' de la poudre en particules individuelles, agrégats, agglomérats ou floculats est réalisée dans le média liquide.

Le terme agrégat est employé pour désigner une association de particules individuelles fortement compactées ayant des faces cristallines communes, alors que le terme d'agglomérat désigne un ensemble de particules plus faiblement liées. Un floculat est un ensemble de particules faiblement liées entre lesquelles le solvant peut s'insérer.

La qualité de la dispersion est liée aux propriétés de la poudre sèche (taille et forme des particules élémentaires) avant mise en suspension, et à l'état d'agglomération, d'agrégation ou de floculation de la poudre dans le milieu liquide. Du degré de dispersion vont dépendre qualité, densité, absence de fissuration et tenue mécanique de la couche .

Le degré de dispersion est une caractéristique importante que de nombreux chercheurs ont essayé de déterminer par diverses techniques expérimentales, en particulier les mesures de sédimentation [103, 104, 105], de granulométrie [106, 107], de potentiel Zeta [108, 109, 110], et par mesures rhéologiques [111, 112, 113].

Une méthode directe consiste à effectuer "in situ" des analyses granulométriques des particules solides pour obtenir une distribution statistique des tailles des agglomérats solides. Néanmoins, l'application de cette technique est délicate car elle nécessite de travailler avec des taux de poudre très faibles dans la suspension qui ne sont pas représentatifs du media réel [114].

Pour obtenir des revêtements épais et homogènes à partir de suspensions, la concentration en poudre par rapport aux autres constituants de la suspension doit être élevée ; en effet, les composants organiques de la suspension étant éliminés lors du traitement thermique, la poudre déposée doit être en quantité suffisante pour recouvrir complètement le substrat.

La préparation de la suspension est l'étape capitale, elle consiste à ajouter la poudre céramique dans le solvant en présence d'un dispersant pour optimiser la stabilité de la suspension. Afin de conférer à la suspension, cohésion et flexibilité, des additifs tels que liants et plastifiants peuvent ensuite être ajoutés [115, 116, 117].

I.5.1 Solvant

C'est le véhicule de dispersion de la poudre et il assure la dissolution du dispersant et des additifs organiques (liant et plastifiant). Il ne doit pas réagir avec la poudre céramique. Les solvants organiques présentent une tension de surface plus faible que l'eau et leur capacité à 'mouiller' un substrat est donc meilleure.

L'utilisation de deux solvants, en mélange azéotropique, permet de réussir un bon compromis entre les différentes propriétés requises : constante diélectrique, tension superficielle (pour la dispersion), bas point d'ébullition, viscosité adéquate (pour manipulation et séchage).

I.5.2 Dispersant

Une parfaite dispersion des poudres dans la suspension est nécessaire pour l'obtention de couches homogènes. Le dispersant devra donc avoir un fort pouvoir de désagglomération des poudres solvatées afin de générer une force répulsive capable de s'opposer à l'énergie d'interaction entre les particules.

La stabilité est assurée quand les forces répulsives sont assez importantes pour dominer les forces attractives de London et Van der Waals. Les forces répulsives sont de deux types : répulsion électrostatique due à la formation d'une double couche électrique autour de chaque particule et stabilisation de l'environnement stérique, obtenue par l'adsorption de longues chaînes polymères à la surface de la particule.

I.5.3 Liant
Il est utilisé dans le but d'augmenter la densité du film 'cru' par création de ponts organiques entre les particules de poudre. De plus, il entraîne un meilleur mouillage de la suspension et la stabilise en limitant la sédimentation.
Le liant ne doit pas réagir avec les autres composants de la suspension, et doit assurer la jonction entre les particules en produisant un effet lubrifiant.

I.5.4 Plastifiant
Il est ajouté pour donner une flexibilité suffisante à la barbotine et permettre ainsi son étalement sur le substrat. Les plastifiants majoritairement utilisés sont des glycols ou des phtalates [117].

I.6 Procédés de mise en forme de revêtements
Parmi les différents procédés de dépôt d'une suspension, que nous décrivons brièvement, nous privilégions le procédé de trempage-retrait que nous avons mis en œuvre pour élaborer nos couches de cathode sur électrolyte support.

I.6.1 Sérigraphie (screen printing) : C'est un procédé d'impression à travers un écran (toile de métal inoxydable tendue sur un cadre) qui est imprégné par une émulsion polymérisable sous rayonnement UltraViolet. Cette émulsion est partiellement réticulée : les zones polymérisées par action des UV se plastifient et deviennent étanches à l'encre alors que les zones non polymérisées sont éliminées et laissent apparaître le motif correspondant au dépôt à réaliser. Finalement, seul l'équivalent de la surface des futurs dépôts est sérigraphié sur la surface du support.

I.6.2 Coulage en bande (Tape casting) : C'est un procédé de fabrication utilisé pour élaborer de larges et fines feuilles de matériau en contrôlant l'épaisseur et l'état de surface. La suspension stable est étendue sur un support à l'aide d'une lame. Le solvant est évaporé et la bande crue obtenue possède une résistance mécanique suffisante pour être manipulée et découpée.

I.6.3 L'enduction centrifuge (Spin coating) : C'est un procédé de dépôt dans lequel la suspension est injectée sur le substrat, ce dernier tournant sur lui-même à vitesse angulaire constante de manière à recouvrir la surface d'un film liquide homogène et ainsi obtenir après séchage du solvant une couche mince d'épaisseur contrôlée.

I.6.4 Trempage-retrait (dip-coating) : ce procédé consiste à déposer un film sur un support à partir d'un sol ou d'une suspension. Les étapes élémentaires sont : 1) l'immersion du substrat dans le milieu ; 2), le retrait du substrat, après sa totale immersion avec une vitesse de retrait contrôlée et 3) l'évaporation des composés les plus volatils. Le substrat que nous avons utilisé est toujours une pastille ceramique de zircone yttriée. Le procédé est schématisé sur la figure I.14 :

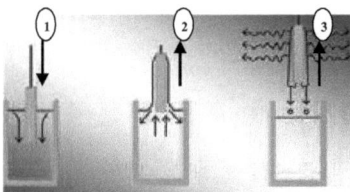

Étapes élémentaires:

1. Immersion du substrat
2. Retrait
3. Évaporation des composés volatils

Figure I.14 Procédé de dip coating

I.7 Traitement thermique des films

Le traitement thermique qui permet d'obtenir le film d'oxyde final peut être décomposé en deux étapes : pré-traitement thermique et calcination. Pendant la première étape se produit l'évaporation des solvants du sol ou de la suspension, accompagnée d'un fort retrait volumique qui peut être responsable de la fissuration de la couche. Il est nécessaire de contrôler la vitesse de montée en température pour diminuer le risque d'apparition de fissures. La calcination à haute température est l'étape finale qui permet d'assurer une bonne adhérence de la couche sur le substrat et le frittage des grains.

Conclusions

De nombreux travaux sur les nouveaux matériaux de cathode pour pile SOFC fonctionnant à température intermédiaire portent sur des matériaux à conduction mixte. Parmi ces matériaux, $La_2NiO_{4+\delta}$ et $La_4Ni_3O_{10}$ en couche mince ont été présentés comme matériaux de cathode prometteurs, compte tenu de leurs propriétés de conduction, de leur stabilité sous air, de leur bonne compatibilité chimique,…Ce travail a pour but d'approfondir l'étude de $La_2NiO_{4+\delta}$ et $La_4Ni_3O_{10}$ sous forme de couche épaisse seule ou sous forme d'architectures et de caractériser leur microstructure et leurs propriétés électrochimiques.

Références bibliographiques

1 European Commission, European Hydrogen and Fuel Cell projects (EUR 21141), ISBN 92-894-8003-3, (2004)
http://ec.europa.eu/research/energy/nn/nn_pu/article_1078_en.htm

2 F. Blein, Clefs CEA N°50/51-Hiver, 87-89 (2004 – 2005)
Les piles à combustible à haute temperature SOFC
http://www.cea.fr/var/plain/storage/original/application

3 B. Multon, Techniques de l'ingénieur, Traité D 4 005 (2003)
Production d'énergie électrique par sources renouvelables
http://www.techniques-ingenieur.fr/dossier/
production_d_energie_electrique_par_sources_renouvelables/D4005

4 European Commission, World Energy Technology Outlook-2050-WETO H2 (EUR 22038),
ISBN 92-79-01636-9, (2006),
http://ec.europa.eu/research/energy/nn/nn_pu/article_1078_en.htm

5 P. Stevens et al., Techniques de l'ingénieur D 3 340, (2000)
Pile à combustible
http://www.techniques-ingenieur.fr/dossier/piles_a_combustible/D3340

6 S. M. Haile, Acta Materialia 51, 5981–6000, (2003)
Fuel cell materials and components

7 F. Barbier et al, Clefs CEA N°50/51-Hiver, 65-68 (2004 – 2005)
Pile à combustible en questions
http://www.cea.fr/var/plain/storage/original/application

8 C. Deportes et al., Collection Grenoble Sciences, ISBN 2-7061-0585-1, France (1994)
Electrochimie des Solides

9 K. C. Wincewicz et al., Journal of Power Sources 140, 280–296, (2005)
Taxonomies of SOFC material and manufacturing alternatives

10 Y. Zhang et al., Ceramics International 30, 1049–1053, (2004)
Dip-coating thin yttria-stabilized zirconia films for solid oxide fuel cell applications

11 B. Zhu et al., Electrochemistry Communications 6, 378–383, (2004)
Novel hybrid conductors based on doped ceria and BCY20 for ITSOFC applications

12 C. Brugnoni et al., Solid State Ionics 76, 177-182, (1995)
SOFC cathode/electrolyte interface. Part I: Reactivity between $La_{0.85}SrMnO_3$, and ZrO_2-Y_2O_3

13 Y . Sakaki et al., Solid State Ionics 118, 187– 194, (1999)
$Ln_{1-x}Sr_xMnO_3$ (Ln=Pr, Nd, Sm and Gd) as the cathode material for solid oxide fuel cells

14 M. J. L. Østergård et al., Electrochimica Acta. 40 (12), 1971-1981, (1995)
Manganite-Zirconia composite cathodes for SOFC: influence of structure and composition

15 S.P. Yoon et al., Journal of Power Sources 106, 160–166, (2002)
Performance of anode-supported solid oxide fuel cell with $La_{0.85}Sr_{0.15}MnO_3$ cathode modified by sol–gel coating technique

16 R. J. Kee et al., Proceedings of the Combustion Institute 30, 2379–2404, (2005)
Solid-oxide fuel cells with hydrocarbon fuels

17 M. Gaudon, Thèse de Doctorat de l'Université Toulouse III, France (2002)
Elaboration par procédé sol-gel et caractérisation de films d'oxydes $La_{1-x}Sr_xMnO_{3+\delta}$ et ZrO_2-8%Y_2O_3, Applications aux piles à combustible à oxyde solide (SOFC).

18 F.A. Kröger et al., Solid State Physics, 3, 307-435, (1956)
Relations between the Concentrations of Imperfections in Crystalline Solids

19 A. Julbe et al., Catalysis Today 104, 102–113, (2005)
Limitations and potentials of oxygen transport dense and porous ceramic membranes for oxidation reactions

20 E. Boehm, Thèse de Doctorat de l'Université Bordeaux I, France (2002)
Les nickelates $A_2MO_{4+\delta}$, nouveaux matériaux de cathode pour piles à combustible SOFC moyenne température

21 M.-L. Fontaine, Thèse de Doctorat de l'Université Toulouse III, France (2004)
Elaboration et caractérisation par le procédé sol-gel d'architectures d'électrodes de nickelates de lanthane sous forme de films minces (<1 micron). Application Piles à Combustible à Oxyde Solide fonctionnant à température intermédiaire.

22 V. Dusastre et al., Solid State Ionics 126, 163–174, (1999)
Optimisation of composite cathodes for intermediate temperature SOFC applications

23 S.B. Adler, Solid State Ionics 111, 125-134, (1998)
Mechanism and kinetics of oxygen reduction on porous $La_{1-x}Sr_xCoO_{3-\delta}$ electrodes.

24 S. J. Skinner et al., Materials Today, ISSN:1369 7021, (2003)
Oxygen ion conductors

25 S. Célérier, Thèse de Doctorat de l'Université Toulouse III, France (2005),
Synthèse par voie sol-gel, mise en forme et caractérisation de nouveaux matériaux d'électrolyte et d'anode pour piles à combustible SOFC: Oxyapatite à charpente silicatée et Ni/Oxyapatite

26 G. Corbel et al., Journal of Solid State Chemistry 179, 1337–1342, (2006)
Compatibility evaluation between $La_2Mo_2O_9$ fast oxide-ion conductor and Ni-based materials

27 H . Arikawa et al., Solid State Ionics 136–137, 31– 37, (2000)
Oxide ion conductivity in Sr-doped $La_{10}Ge_6O_{27}$ apatite oxide

28 P. Jasinski et al., Solid State Ionics 175, 35–38, (2004)
   Impedance spectroscopy of single chamber SOFC

29 M.-L. Fontaine et al., Ceramics International 30, 2087–2098, (2004)
   Synthesis of $La_{2-x}NiO_{4+\delta}$ oxides by polymeric route: non-stoichiometry control

30 M.-L. Fontaine et al., Journal of Solid State Chemistry 177, 1471–1479, (2004)
   Elaboration and characterization of $La_{2-x}NiO_{4+\delta}$ powders and thin films via a modified sol-gel process

31 M.L. Fontaine et al., Materials Research Bulletin 41, 1747–1753, (2006)
   Synthesis of $La_{2-x}NiO_{4+\delta}$ oxides by sol gel process: Structural and microstructural evolution from amorphous to nanocrystallized powders

32 M.L. Fontaine et al. Journal of Power Sources 156, 33-38, (2006)
   Composition and porosity graded $La_2NiO_{4+\delta} (x \geq 0)$ interlayers for SOFC: control of the microstructure via a sol-gel process

33 S.B. Adler, Chemical Reviews, 104(10), (2004)
   Factors Governing Oxygen Reduction in Solid Oxide Fuel Cell Cathodes

34 X.D. Zhu et al., Electrochemistry Communications 9, 431–435, (2007)
   Improved electrochemical performance of $SrCo_{0.8}Fe_{0.2}O_{3-\delta}$–$La_{0.45}Ce_{0.55}O_{2-\delta}$ composite cathodes for IT-SOFC

35 E. Boehm et al., Solid State Ionics 176, 2717 – 2725, (2005)
   Oxygen diffusion and transport properties in non-stoichiometric $Ln_{2-x}NiO_{4+\delta}$ oxides

36 F. Mauvy et al., Journal of the European Ceramic Society 25, 2669-2672, (2005)
   Oxygen reduction on porous $Ln_2NiO_{4+\delta}$ electrodes

37 E. Boehm et al., Solid State Sciences 5, 973–981, (2003)
   Oxygen transport properties of $La_2Ni_{1-x}Cu_xO_{4+\delta}$ mixed conducting oxides

38 S.B. Adler et al, J. Electrochem. Soc., 143 (11), 3554-3564, (1996)
   Electrode kinetics of Porous Mixed-Conducting Oxygen Electrodes

39 J.M. Bassat et al., Solid State Ionics 167, 341–347, (2004)
   Anisotropic ionic transport properties in $La_2NiO_{4+\delta}$ single crystals

40 S.N. Ruddlesden et al., Acta Cryst. 11, 54-55, (1958)
   The compound $Sr_3Ti_2O_7$ and its structure

41 M. Greenblatt, Current Opinion in Solid State & Materials Science 2, 174-183, (1997)
   Ruddlesden-Popper $Ln_{n+1}Ni_nO_{3n+1}$, nickelates: structure and properties

42 F. Mauvy et al., Solid State Ionics 158, 17– 28, (2003)
   Oxygen electrode reaction on $Nd_2NiO_{4+\delta}$ cathode materials: impedance spectroscopy study

43 F. Mauvy et al., Journal of the European Ceramic Society 24, 1265–1269, (2004)
Chemical oxygen diffusion coefficient measurement by conductivity relaxation— correlation between tracer diffusion coefficient and chemical diffusion coefficient

44 K.S. Aleksandrov et al., Phys. Solid State 39 (5), 695-715, (1997)
Hierarchies of perovskite-like crystals (Review)

45 J. Choisnet et al., J. Phys. Chem Solids 57 (12), 1839-1850, (1996)
Investigation of the chemical bonding in nickel mixed oxides from electronic structure calculations

46 G. Amow et al., Solid State Ionics 177, 1205–1210, (2006)
A comparative study of the Ruddlesden-Popper series, $La_{n+1}Ni_nO_{3n+1}$, (n=1, 2 and 3), for solid-oxide fuel-cell cathode applications.

47 M Greenblatt et al., Synthetic Metals 85, 1451-1452, (1997)
Electronic Properties of $La_3Ni_2O_7$ and $Ln_4Ni_3O_{10}$, Ln=La, Pr and Nd

48 J.M. Bassat et al. Eur. J. Solid State Inorg. Chem., 35, 173-188 (1998)
Electronic properties of $Pr_4Ni_3O_{10±\delta}$

49 D.O. Bannikov et al., Journal of Solid State Chemistry 179, 2721–2727, (2006)
Thermodynamic properties of complex oxides in the La–Ni–O system

50 Z. Zhang et al., Journal of Solid State Chemistry 117, 236-246, (1995)
Synthesis, Structure, and Properties of $Ln_4Ni_3O_{10-\delta}$ (Ln = La, Pr, and Nd)

51 R. Le Toquin, Thèse de Doctorat de l'Université Rennes 1, France (2003)
Réactivité, structure et propriétés physiques de $SrCoO_{2.5+\delta}$ et $La_2CoO_{4+\delta}$, etude par diffraction des rayons X et des neutrons in situ

52 V. Faucheux et al., Journal of Solid State Chemistry 177, 4616–4625, (2004)
Structural study of lanthanum nickelate thin films deposited on different single crystal substrates

53 J.D. Jorgensen et al., Physical Review B 40 (4), 2187-2191, (1989) (Jorgensen)
Structure of the interstitial oxygen defect in $La_2NiO_{4+\delta}$

54 M. Al Daroukh et al., Solid State Ionics 158, 141– 150, (2003)
Oxides of the AMO_3 and A_2MO_4-type: structural stability, electrical conductivity and thermal expansion

55 D:J. Buttrey et al., Journal of Solid State Chemistry 74, 233-238, (1988)
Oxygen Excess in Layered Lathanide Nickelates

56 C. Li et al., Journal of Membrane Science 226, 1–7, (2003)
Preparation and characterization of supported dense oxygen permeating membrane of mixed conductor $La_2NiO_{4+\delta}$

57 S. J. Skinner et al., Solid State Sciences 5, 419–426, (2003)
Characterisation of $La_2NiO_{4+\delta}$ using in-situ high temperature neutron powder diffraction

58 E. Iguchi et al., Physica B 270, 332-340, (1999)
Correlation between hopping conduction and transferred exchange interaction in La₂NiO₄₊δ below 300 K

59 N. Poirot et al., Solid State Sciences 5, 735–739, (2003)
Complex δ-dependence of electrical and magnetic properties of La₂NiO₄₊δ

60 A. Demourgues et al., Journal of Solid State Chemistry 105, 458-468, (1993)
Electrochemical Preparation and Structural Characterization of Phases (0 ≤ δ ≤ 0.25)

61 E.N. Naumovich et al., Solid State Sciences 7, 1353–1362, (2005)
Oxygen non stoichiometry in La₂Ni(M)O₄₊δ (M = Cu, Co) under oxidizing conditions

62 M.D. Carvalho et al. Journal of Solid State Electrochemistry 7, 700-705, (2003)
Electrochemical oxidation and reduction of La₄Ni₃O₁₀ in alkaline media

63 Ph. Lacorre et al., Journal of Solid State Chemistry 97, 495-500 (1992)
Passage from T-Type to T'-Type Arrangement by Reducing R₄Ni₃O₁₀ to R₄Ni₃O₈ (R=La, Pr, Nd)

64 S. Nishiyama et al., Solid State Communications, 94 (4), 279-282, (1995)
Electrical conduction and thermoelectricity of La₂NiO₄₊δ et La₂(Ni, Co) O₄₊δ

65 J. Laplume L'Onde, 35 (335), (1955)
Bases théoriques de la mesure de la résistivité et de la constante de HALL par la méthode des pointes

66 V.V. Kharton et al., Solid State Ionics 143, 337–353, (2001)
Ionic transport in oxygen-hyperstoichiometric phases with K₂NiF₄ -type structure

67 V.V. Kharton et al., Journal of Solid State Chemistry 177, 26–37, (2004)
Transport properties and stability of Ni-containing mixed conductors with perovskite- and K₂NiF₄-type structure

68 G. Amow et al., Journal of Solid State Electrochemistry 10, 538-546, (2006)
Recent developments in Ruddlesden-Popper nickelate systems for solid oxide fuel cell cathodes

69 D. Huang et al., Materials Letters 60, 1892–1895, (2006)
Synthesis and electrical conductivity of La₂NiO₄₊δ derived from a polyaminocarboxylate complex precursor

70 R.N. Basu et al., Materials Research Bulletin 39, 1335–1345, (2004)
Microstructure and electrical conductivity of LaNi₀.₆Fe₀.₄O₃ prepared by combustion synthesis routes

71 S. Uhlenbruck et al., Materials Science and Engineering B107, 277–282, (2004)
High-temperature thermal expansion and conductivity of cobaltites: potentials for adaptation of the thermal expansion to the demands for solid oxide fuel cells

72 G. Amow et al., Solid State Ionics 177, 1837-1841, (2006)
Synthesis and characterization of $La_4Ni_{3-x}Co_xO_{10\pm\delta}$ ($0.0 \leq x \leq 3.0$, $\Delta x = 0.2$) for solid oxide fuel cell cathodes

73 J.-M. Bassat et al., Applied Catalysis A: General 289, 84–89, (2005)
Oxygen isotopic exchange: A useful tool for characterizing oxygen conducting oxides

74 J. B. Smith et al., Journal of The Electrochemical Society, 153 (2) A233-A238 (2006)
On the Steady-State Oxygen Permeation Through $La_2NiO_{4+\delta}$ Membranes

75 V.V. Vashook et al., Solid State Ionics 110, 245-253, (1998)
Oxygen nonstoichiometry and electrical conductivity of the solid solutions $La_{2-x}Sr_xNiO_y$ ($0 \leq x \leq 0.5$)

76 J.A. Kilner et al., Solid State Ionics 154– 155, 523–527, (2002)
Mass transport in $La_2Ni_{1-x}Co_xO_{4+\delta}$ oxides with the K_2NiF_4 structure

77 S .J . Skinner et al., Solid State Ionics 135, 709– 712, (2000)
Oxygen diffusion and surface exchange in $La_{2-x}Sr_xNiO_{4+\delta}$

78 M. Petitjean et al., Journal of the European Ceramic Society 25, 2651–2654, (2005)
$(La_{0.8}Sr_{0.2})(Mn_{1-y}Fe_y)O_{3\pm\delta}$ oxides for ITSOFC cathode materials? Electrical and ionic transport properties

79 A.V.Kovalevsky et al.,J.Eur. Ceram. Soc., doi:10.1016/j.jeurceramsoc.2007.02.136, (2007)
Stability and oxygen transport properties of $Pr_2NiO_{4+\delta}$ ceramics

80 S.B. Adler, Solid State Ionics 135, 603-612, (2000)
Limitations of charge-transfer models for mixed-conducting oxygen electrodes

81 P. Jasinski et al., Solid State Ionics 175, 35-38, (2004)
Impedance spectroscopy of single chamber SOFC

82 F. Mauvy et al., Journal of The Electrochemical Society, 153 (8), A1547-A1553, (2006)
Electrode properties of $Ln_2NiO_{4+\delta}$ (Ln = La, Nd, Pr) AC Impedance and DC Polarization Studies

83 E. Perry Murray et al., Solid State Ionics 148, 27–34, (2002)
Electrochemical performance of $(La,Sr)(Co,Fe)O_3–(Ce,Gd)O_3$ composite cathodes

84 M. Zinkevich et al., Journal of Alloys and Compounds 375, 147–161, (2004)
Thermodynamic analysis of the ternary La–Ni–O system

85 V.A. Cherepanov et al, Russian Journal of Physical Chemistry, 57 (4), 521- 524, (1983)
Thermodynamic Properties of the La-Ni-O System

86 S. Zha et al., Solid State Ionics 176 (1-2), 25–31, (2005)
Functionally graded cathodes fabricated by sol-gel/slurry coating for honeycomb SOFCs

87 I. Valente, Thèse de Doctorat de l'Université Pierre Marie Curie, Paris VI (1989)
Application de la chimie des solutions à la synthèse d'oxydes supraconducteurs

88 M. Gaudon et al., Solid State Sciences 4, 125–133, (2002)
Preparation and characterization of $La_{1-x}Sr_xMnO_{3+\delta}$ ($0\leq x\leq 0.6$) powder by sol gel processing

89 C. Laberty-Robert et al., Ceramics International 29, 151–158, (2003)
Dense yttria stabilized zirconia: sintering and microstructure

90 M. Gaudon et al., Solid State Sciences 5, 1377–1383, (2003)
New chemical process for the preparation of fine powders and thin films of LSMx-YSZ composite oxides

91 P. Lenormand et al., Journal of the European Ceramic Society 25, 2643–2646, (2005)
Thick films of YSZ electrolytes by dip-coating process

92 S.Y. Bae et al., Journal of Materials Research, 13(11), 3224-3240, (1998)
Novel sol-gel processing for polycrystalline and epitaxial thin films of $La_{0.67}Sr_{0.33}MnO_3$ with colossal magnetoresistance.

93 S. Mège, Thèse de Doctorat, Université Toulouse III, (1998)
Synthèse d'oxydes du vanadium par voie sol-gel avec addition de tensioactif. Etude de leur comportement électrochimique comme matériaux cathodiques de batterie au lithium et caractérisation structurale.

94 M.P. Pechini, Patent, 3.330.697, (1967)
Method of preparing lead and alkaline earth titanates and niobates and coating method using the same to form a capacitor

95 P. Odier et al., Journal of Solid State Chemistry 153, 381-385, (2000)
Oxygen exchange in $Pr_2NiO_{4+\delta}$ at high temperature and direct formation of $Pr_4Ni_3O_{10-x}$

96 F.-P. Wang et al., Materials Chemistry and Physics 77, 10–13, (2002)
Synthesis of $Pb_{1-x}Eu_x(Zr_{0.52}Ti_{0.48})O_3$ nanopowders by a modified sol–gel process using zirconium oxynitrate source

97 L.W. Tai et al., Journal of material research, 7 (2), 502-10, (1992)
Modified resin-intermediate processing of perovskite powders. Part I. Optimization of polymeric precursors.

98 L.W. Tai et al., Journal of material research, 7 (2), 511-19, (1992)
Modified resin-intermediate processing of perovskite powders. Part II. Processing for fine, nonagglomerated strontium-doped lanthanum chromite powders.

99 A. Dupont et al., Journal of Solid State Chemistry, 171, 152-160, (2003)
Size and morphology control of Y2O3 nanopowders via a sol-gel route

100 P.A. Lessing, American Ceramic Society Bulletin, 68 (5), 1002-7, (1989)
Mixed-cation oxide powders via polymeric precursors

101 I. Maurin et al., Materials Research Society Symposium, Proceedings 453 (Solid State Chemistry of Inorganic Materials),41-50 (1997)
Crystallization of perovskites from solutions

102 P. Lenormand et al., France-Deutschland Fuel Cell Conf., Proceedings 248-255, (2002)
Microstructural evolution of $La_{0.8}Sr_{0.2}Mn_{1-y}Fe_yO_{3\pm\delta}$ thin films elaborated by the sol-gel route as solid oxide fuel cell cathodes

103 Z: Jingxian et al., Journal of the European Ceramic Society 24, 147–155, (2004)
Binary solvent mixture for tape casting of TiO_2 sheets

104 Y.-P. Zeng et al., Journal of the European Ceramic Society 24, 253–258, (2004)
Tape casting of PLZST tapes via aqueous slurries

105 L.P. Meier et al., Journal of the European Ceramic Society 24, 3753–3758, (2004)
Tape casting of nanocrystalline ceria gadolinia powder

106 C Monterrubio-Badillo et al., Surface & Coatings Technology 200, 3743-3756, (2006)
Preparation of LaMnO3 perovskite thin films by suspension plasma spaying for SOFC cathodes

107 V.M. Gun'ko et al., Advances in Colloid and Interface Science 91, 1-112, (2001)
Aqueous suspension of fumed oxides: paricle size distribution and zeta potential

108 H. Mahdjoub et al., Journal of the European Ceramic Society 23, 1637–1648, (2003)
The effect of the slurry formulation upon the morphology of spray-dried yttria stabilised zirconia particles

109 M. W. Murphy et al., Journal of the American Ceramic Society, 80 (1), 165-170, (1997)
Tape Casting of Lanthanum Chromite

110 A. Navarro et al. Journal of the European Ceramic Society 24, 1073–1076, (2004)
Aqueous colloidal processing and green sheet properties of lead zirconate titanate (PZT) ceramics made by tape casting

111 M. He et al., Powder Technology 147, 94–112, (2004)
Slurry rheology in wet ultrafine grinding of industrial minerals: a review

112 B. Bitterlich et al., Ceramics International 28, 675–683, (2002)
Rheological characterization of water-based slurries for the tape casting process.

113 X. Xu et al., Journal of the European Ceramic Society 23, 1525–1530, (2003)
Effect of dispersant on the rheological properties and slip casting of concentrated Sialon precursor suspensions.

114 R.F. Cienfuegos et al., VDI-Berichte Nr. 1920, , ISBN 3-18-091920-5, 103-107, (2005)
$La_2NiO_{4+\delta}$ Nanostructured Coatings as Cathode Materials for SOFC

115 R. Moreno, American Ceramic Society Bulletin 71 (10), 1521-1531, (1992)
The Role of Slip Additives in Tape-Casting Technology: Part I- Solvents and Dispersants

116 R. Moreno, American Ceramic Society Bulletin 71 (11), 1647-1657, (1992)
The Role of Slip Additives in Tape-Casting Technology: Part II- Binders and Plasticizers

117 T. Chartier et al., Journal of the European Ceramic Society 15, 101-107, (1995)
Laminar Ceramic Composites

Chapitre II

**Synthèse et caractérisation de matériaux de cathode
(nickelates de lanthane)**

II.1 Préparation de nickelates de lanthane sous forme de poudres par voie sol-gel

Nous présentons ici les étapes de préparation des poudres $La_{2-x}NiO_{4+\delta}$ (x = 0 et 0,02) et $La_4Ni_3O_{10}$ et leur caractérisation structurale et micro-structurale.

L'étape préliminaire est la préparation des sols $La_{1.98}NiO_{4+\delta}$, $La_2NiO_{4+\delta}$ et $La_4Ni_3O_{10}$ par voie polymère en suivant le protocole dérivé du procédé Pechini et mis au point dans des travaux antérieurs effectués au Laboratoire [1, 2, 3 , 4 , 5].

• Les sels métalliques sont des nitrates de lanthane et de nickel hydratés : $La(NO_3)_3$, $6H_2O$ et $Ni(NO_3)_2$, $6H_2O$, dont le taux d'hydratation a été contrôlé. On prépare une solution aqueuse dans 20 ml d'eau distillée avec une quantité de matière correspondant à 0,02 mol de nickel ; le nitrate de lanthane est ajouté de façon à obtenir le rapport molaire "r" La/Ni = 1.98, 2 et 4/3 pour $La_{1.98}NiO_{4+\delta}$, $La_2NiO_{4+\delta}$ et $La_4Ni_3O_{10}$ respectivement.

• La formation de la résine polymérique est obtenue par réaction de condensation entre l'acétylacétone (Acac) et l'hexaméthylènetétramine (HMTA) dans l'acide acétique. La quantité d'hexaméthylènetétramine ajoutée est fonction du nombre de moles total de sels métalliques (MT), de façon à ce que le rapport R (HMTA/MT) soit égal à 3 ; la quantité d'acétylacétone est telle que le rapport molaire HMTA/Acac = 1. La solution est complétée avec 100 mL d'acide acétique.

On donne à titre d'exemple les quantités choisies dans le cas de $La_2NiO_{4+\delta}$;
• masse de nitrate de nickel = $m_{Ni(NO_3)_2 \bullet 6H_2O} = 6.05g$ ....($n_{Ni} \approx 0.02$ mole)
• masse de nitrate de lanthane = $m_{La(NO_3)_3 \bullet 6H_2O} = 18.02g$ .....($n_{La} \approx 0.04$ mole)
• masse de l'hexaméthylènetétramine = 26.25 g................($n_{HMTA} \approx 0.18$ mole)
• volume de l'acétylacétone = 19.20 mL....................…....($n_{ACAC} \approx 0.18$ mole)
• volume d'acide acétique = 100 mL

La résine polymérique obtenue par mélange des composants HMTA, Acac et Acide acétique est ajoutée à la solution de sels métalliques sous agitation constante à 70°C afin d'obtenir le sol. L'élaboration de la poudre à partir du sol est basée sur un protocole de traitement thermique déterminé par analyse thermogravimétrique (voir paragraphe suivant). La plupart des constituants organiques du sol sont éliminés par traitement thermique à 400 °C pendant 8 heures avec une vitesse de montée de 100 °C/ heure. On obtient une poudre amorphe agglomérée ; elle est broyée à la main dans un mortier, puis calcinée à 1000 °C pendant deux heures avec une vitesse de montée en température de 100 °C/heure.

Des travaux antérieurs [5] sur La$_2$NiO$_{4+\delta}$ ont permis de déterminer que le taux de sur-stoechiométrie δ était stable à 1000 °C. Afin d'homogénéiser le protocole de préparation des différentes poudres, nous avons choisi cette température de traitement thermique, qui est, en outre, supérieure à la température de fonctionnement visée (800 – 900 °C), ce qui assure la stabilité de la poudre dans les conditions d'utilisation.

L'ensemble du processus est représenté sur la figure II.1.

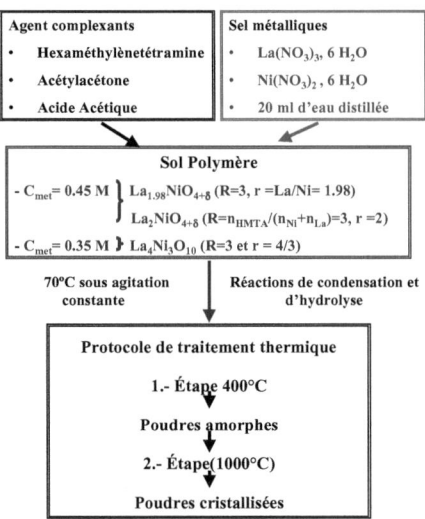

Figure II.1 : Procédé d'élaboration de poudres cristallisées La$_{2-x}$NiO$_{4+\delta}$ (x = 0 et 0,02) et La$_4$Ni$_3$O$_{10}$

II.1.1 Analyse thermogravimétrique des sols polymères La$_{2-x}$NiO$_{4+\delta}$ (x=0 et 0,02) et La$_4$Ni$_3$O$_{10}$

Les sols ont été séchés sous air à 200 °C pendant 12 heures afin d'enlever la plus grande partie de solvants organiques volatils. L'analyse thermique réalisée sous air, sur le sol séché, de 20 °C à 1000 °C (5 °C/min) permet de déterminer le domaine de température de décomposition des éléments organiques restants et la perte de masse correspondante. On en déduit le protocole de traitement thermique permettant d'obtenir la poudre à partir du sol.

Les courbes TG et TD de La$_{1.98}$NiO$_{4+\delta}$, La$_2$NiO$_{4+\delta}$ et La$_4$Ni$_3$O$_{10}$ sont représentées sur la figure II.2 (a), (b) et (c) respectivement.

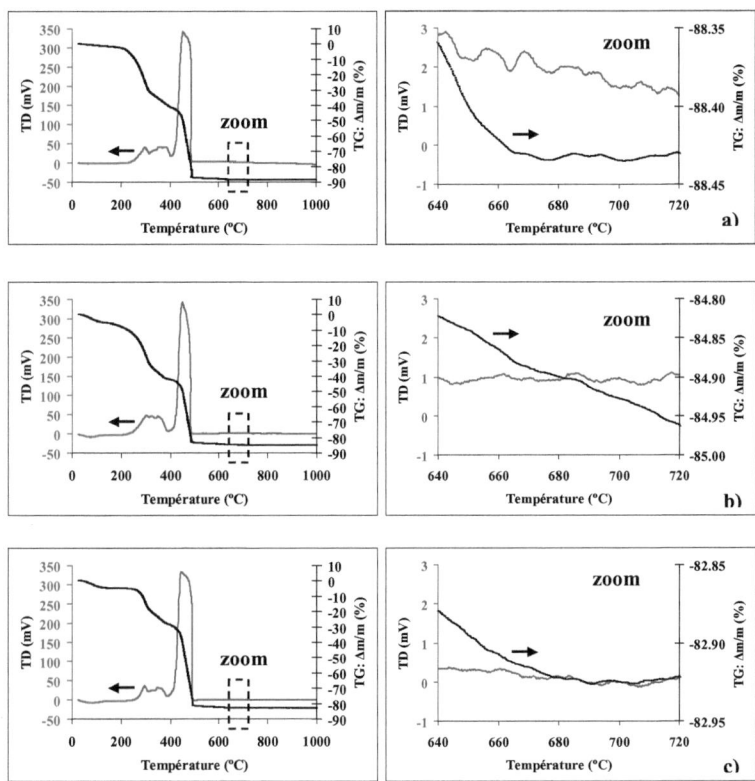

Figure II.2: Courbes TG-TD de La$_{1.98}$NiO$_{4+\delta}$ (a), La$_2$NiO$_{4+\delta}$ (b) et La$_4$Ni$_3$O$_{10}$ (c)

Les courbes d'analyse thermogravimétrique des trois composés sont similaires. La première perte de masse, de l'ordre de 10%, entre 20 à 90 °C, correspond à l'évaporation de l'eau adsorbée sur la poudre ; entre 300 et 500 °C la perte de masse, voisine de 80%, s'accompagne de réactions exothermiques successives. Des analyses de spectrométrie de masse [4] ont montré que les pics exothermiques correspondaient au dégagement d'oxydes d'azote (NO, NO$_2$) et d'oxydes de carbone (CO, CO$_2$) associés à la consommation d'oxygène. Cette étape est donc principalement liée à la décomposition des éléments organiques au cours de laquelle se forment des oxycarbonates, mis en évidence par spectrométrie infrarouge [1, 4, 6, 7], qui sont éliminés entre 600 °C et 700 ° C ; la perte de masse correspondante, très faible, apparaît sur les agrandissements de la figure II.2.

II.1.2 Formation de l'oxyde mixte cristallisé à partir du sol

La transformation du sol polymère en oxyde cristallisé a été étudiée dans des travaux précédents [5]. Par diffraction de rayons X des poudres calcinées à différentes températures, entre 600 °C et 1000 °C, la température de cristallisation de l'oxyde $La_2NiO_{4+\delta}$ a été mise en évidence. La phase cristalline $La_2NiO_{4+\delta}$ commence à se former à partir de 700 °C et à 800 °C elle est complètement cristallisée (figure II.3)[4].

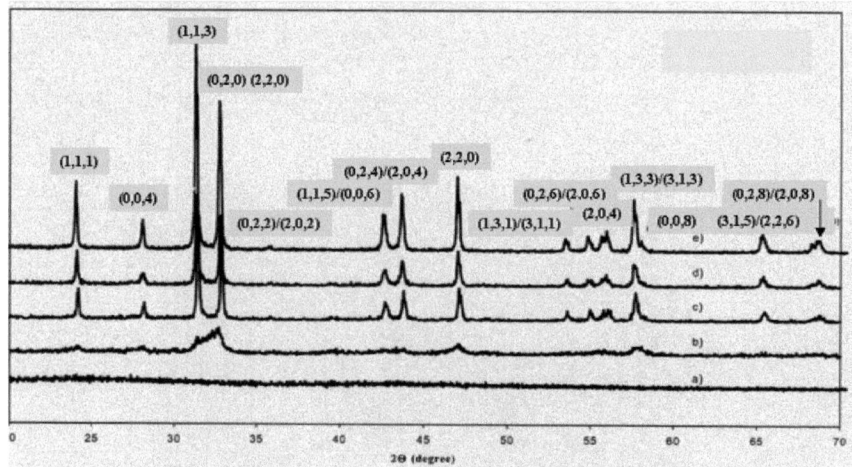

Figure II.3 Diffractogrammes de rayons X obtenus à température ambiante sur des poudres calcinées 2 heures sous air à 600 °C (a), 700 °C (b), 800 °C (c), 900 °C (d), 1000 °C (e)

Les travaux précédents ont montré que le taux de non-stœchiométrie en oxygène "δ" diminuait en fonction de la température jusqu'à T= 1000 °C. Nous avons déjà précisé que cette valeur de température était choisie pour stabiliser la phase $La_2NiO_{4+\delta}$ [5] et pour le traitement thermique des poudres $La_4Ni_3O_{10}$ afin de rester sur le même profil thermique pour le protocole d'obtention des différentes oxydes cristallisés.

II.2 Caractérisation des poudres

Les poudres $La_{2-x}NiO_{4+\delta}$ (x=0 et 0,02) et $La_4Ni_3O_{10}$ sont caractérisées par diffraction de rayons X, microscopie électronique à balayage (MEB), analyse chimique, mesures de surface spécifique, masse volumique, granulométrie et potentiel Zeta.

II.2.1 Analyses structurales

Les diagrammes de diffraction, obtenus à température ambiante sur les poudres $La_{1.98}NiO_{4+\delta}$, $La_2NiO_{4+\delta}$ et $La_4Ni_3O_{10}$ calcinées à 1000 °C pendant 2 heures ont été enregistrés et reportés sur les figures II.4 et 5.

Nous n'observons pas de pics sur les diffractogrammes pouvant justifier la présence éventuelle de phases secondaires dans les matériaux $La_{2-x}NiO_{4+\delta}$ et $La_4Ni_3O_{10}$. Tous les pics ont pu être indexés et les oxydes $La_{2-x}NiO_{4+\delta}$ (x=0 et 0,02) et $La_4Ni_3O_{10}$ cristallisent dans le système orthorhombique de groupe d'espace Fmmm, en accord avec les fiches JCPDS 81-2413 et 83-1164 respectivement.

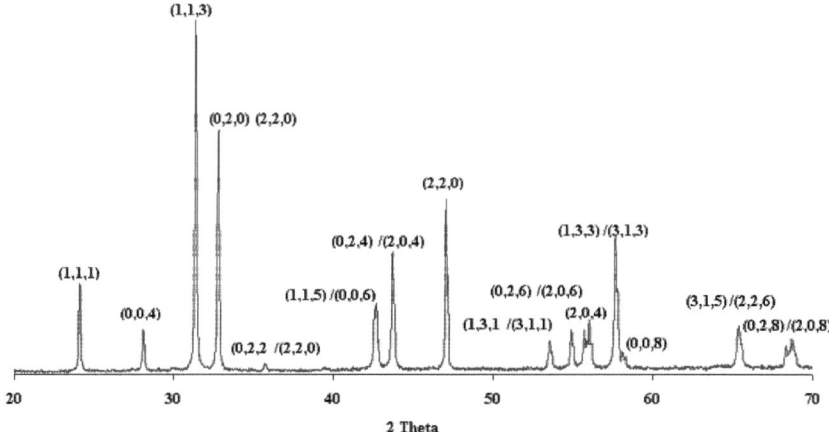

Figure II.4 Diffractogramme de rayons X obtenu à T° ambiante sur une poudre
La_2NiO_4 après calcination à 1000 °C pendant 2 heures

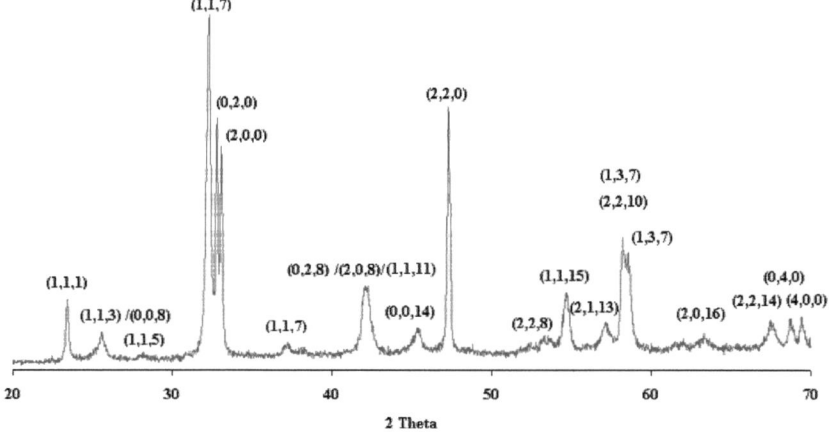

Figure II.5 Diffractogramme de rayons X obtenu à T° ambiante sur une poudre
$La_4Ni_3O_{10}$ après calcination à 1000 °C pendant 2 heures

- 52 -

- La masse volumique d'un cristal est calculée avec les paramètres cristallins de la poudre.

$\rho = \dfrac{M \bullet Z}{V \bullet N_A}$; ρ, masse volumique (g/cm^3); M, masse molaire du matériau; Z, nombre de motifs dans la maille ; V, volume de la maille; N_A, nombre d'Avogadro. Dans le cas des poudres La$_{2-x}$NiO$_{4+\delta}$ (x=0 et 0,02) et La$_4$Ni$_3$O$_{10}$; nous avons pris les paramètres de maille donnés dans la littérature [8 et 9]. Les masses volumiques calculées sont 6,97 g/cm^3 (La$_{1,98}$NiO$_{4+\delta}$), 7,02 g/cm^3 (La$_2$NiO$_{4+\delta}$) et 7,16 g/cm^3 (La$_4$Ni$_3$O$_{10}$).

II.2.2 Composition chimique des poudres

Les poudres ont été analysées par le Service Central d'Analyse (Vernaison, France) et à l'ICMCB (Bordeaux, France). Les résultats sont reportés dans le tableau II.1.

Tableau II.1 Analyses chimiques des poudres				
	La	Ni	(La/Ni)$_{\text{expérimetal}}$	(La/Ni)$_{\text{théorique}}$
La$_{1,98}$NiO$_{4+\delta}$	1,98 ($\pm$ 0,05)	0,99 ($\pm$ 0,01)	2,00	1,98
La$_2$NiO$_{4+\delta}$	1,97 ($\pm$ 0,01)	0,97 ($\pm$ 0,01)	2,03	2,00
La$_4$Ni$_3$O$_{10}$	4,08 ($\pm$ 0,09)	2,97 ($\pm$ 0,01)	1,38	1,33

Les résultats sont proches des valeurs théoriques ; on note toutefois un léger déficit en nickel.

II.2.3 Microstructure des poudres

Après avoir identifié les phases en présence, nous avons procédé à une étude microstructurale des poudres de nickelate de lanthane La$_{2-x}$NiO$_{4+\delta}$ (x=0 et 0,02) et La$_4$Ni$_3$O$_{10}$ issues de la voie polymère. A partir du diagramme de diffraction de rayons X des poudres et de l'utilisation de la méthode de Williamson et Hall [10], la géométrie et la taille des cristallites ont été déterminées. Les cristaux de La$_{2-x}$NiO$_{4+\delta}$ (x=0 et 0,02) ont une géométrie de type sphérique avec une taille d'environ 200 nm. Les cristaux de La$_4$Ni$_3$O$_{10}$ sont anisotropes, de forme cylindrique avec une base de 200 nm et une hauteur d'environ 550 nm, proche de la limite de résolution du diffractomètre. Les particules sont monocristallines ; la croissance exagérée selon l'axe **c** est principalement gouvernée par l'anisotropie de la maille élémentaire de La$_4$Ni$_3$O$_{10}$.

Les poudres calcinées à 1000 °C, ont été examinées par Microscopie Electronique à Balayage (MEB) afin de déterminer la morphologie et la taille des grains. Pour chaque poudre, nous présentons une micrographie sur la figure II.6

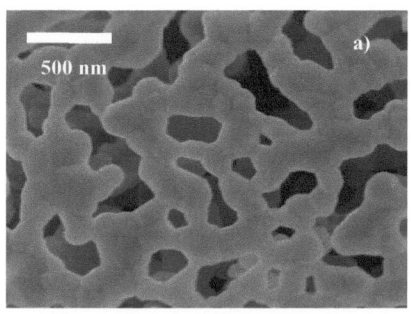

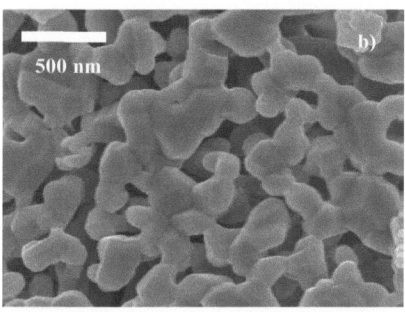

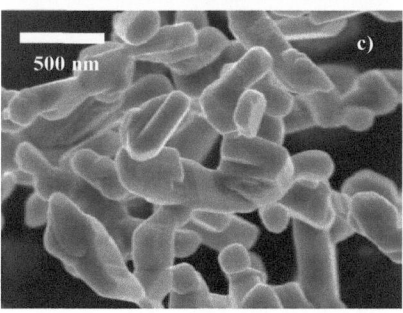

Figure II.6 Micrographies obtenues par MEB sur des poudres : (a) La$_{1.98}$NiO$_{4+\delta}$, (b) La$_2$NiO$_{4+\delta}$ et (c) La$_4$Ni$_3$O$_{10}$, calcinées à 1000 °C pendant 2 heures

Les matériaux La$_{1.98}$NiO$_{4+\delta}$ (figure II.6 (a)) et La$_2$NiO$_{4+\delta}$ (figure II.6 (b)) présentent des grains sphériques ; leur taille, déterminée par microscopie à balayage, est de l'ordre de 200 nm ; cette valeur est en accord avec la taille des cristallites déterminée par diffraction de rayons X, ce qui indique que les grains sont monocristallins. Ils sont pour la plupart associés par des ponts de frittage, formant un réseau granulaire parfaitement connecté.

Les grains des poudres $La_4Ni_3O_{10}$ sont de forme allongée, la plupart de type bâtonnet de dimensions 200 nm x 600 nm (figure II.6c). Ces valeurs, en accord avec celles qui sont déterminées par diffraction de rayons X, conduisent, comme précédemment, à indiquer que les grains sont monocristallins.

II.2.4 Granulométrie et Potentiel Zeta

Afin de déterminer l'état d'agglomération et la charge de la poudre, nous mesurons le potentiel Zeta et la granulométrie sur une suspension diluée (0.1 mg / mL) de poudre dans un solvant. Le solvant est un mélange azéotropique Méthyléthylcétone-Ethanol (MEK/EtOH) avec lequel seront préparées ultérieurement les barbotines.

Potentiel Zeta

Le principe de ces mesures repose sur la mobilité de particules chargées en suspension. Les résultats sont reportés dans le tableau II.2.

Tableau II.2 Mesures de potentiel Zeta sur des suspensions de poudre dans le mélange azéotropique de solvants MEK/EtOH		
	$La_{2-x}NiO_{4+\delta}$ (x = 0 et 0,02)	$La_4Ni_3O_{10}$
Potentiel Zeta	-39 mV	- 29 mV

La valeur de potentiel Zeta est négative pour les deux matériaux, ce qui indique que la force prépondérante dans la suspension est de type électrostatique. En considérant seulement la suspension formée par la poudre et le solvant, indépendamment des autres constituants qui seront ajoutés, cette mesure montre qu'il existe des forces de répulsion entre les grains, ce qui est un critère de stabilité de la suspension.

Granulométrie Laser

La suspension est soumise pendant 15 minutes à l'action des ultrasons afin d'homogénéiser la dispersion de la poudre ; la mesure de la taille des agrégats est enregistrée à plusieurs reprises sur un intervalle de temps de l'ordre de deux à trois heures.

• Dans le cas de $La_{2-x}NiO_{4+\delta}$ (x = 0 et 0,02) la répartition granulométrique présente un maximum entre 900 et 1550 nm (figure II.7). Cette valeur est différente de celle de la taille des grains dans la poudre (250 - 280 nm) ce qui montre que des agglomérats sont présents dans la suspension. Ceci est cohérent avec les observations microstructurales qui montrent que ces poudres présentent un frittage important et que des associations entre les grains subsistent après le passage aux ultrasons

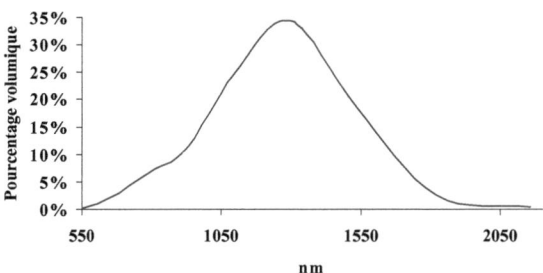

Figure II.7 Distribution granulométrique de la poudre La$_{2-x}$NiO$_{4+\delta}$ (x = 0 et 0,02)

- La distribution granulométrique de la poudre La$_4$Ni$_3$O$_{10}$ montre un maximum entre 360 et 540 nm. (figure II.8). Par micrographie MEB la taille de grain a été évaluée à 200 nm x 600 nm.

Dans ce cas, la distribution granulométrique est du même ordre de grandeur que la taille des grains, ce qui semble montrer qu'il n'y a pas d'agglomérats, mais une majorité de grains individuels. Ici encore, on peut corréler ce résultat à la microstructure de la poudre qui montre l'absence de frittage après traitement thermique.

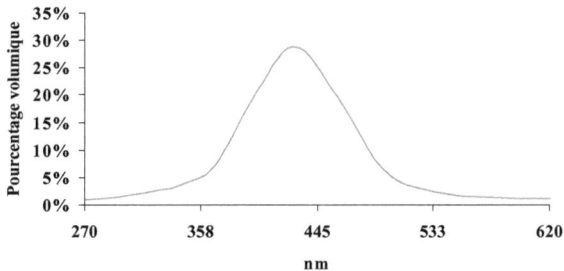

Figure II.8 Distribution granulométrique de la poudre La$_4$Ni$_3$O$_{10}$

II.2.5 Mesure des surfaces spécifiques

Ces mesures ont été enregistrées sur l'appareil Flowsorb II 2300 de MICROMETRICS et sont reportées dans le tableau II.3. Pour comparaison, nous avons calculé et reporté dans le même tableau, les surfaces spécifiques des poudres en considérant des particules individualisées, sphériques, de diamètre 200 nm, pour $La_{1.98}NiO_{4+\delta}$ et $La_2NiO_{4+\delta}$ et cylindriques (diamètre 200 nm, hauteur 600 nm) pour $La_4Ni_3O_{10}$. Le rapport valeur mesurée/ valeur calculée est lié à l'état d'association des particules, une valeur proche de 1 indiquant que les particules existent à l'état individualisé, et inversement, une valeur plus faible que 1 étant liée à un état de frittage avancé. Ces résultats sont en accord avec les observations antérieures sur la microstructure des poudres.

Tableau II.3 Surface spécifique des poudres $La_{1.98}NiO_{4+\delta}$, $La_2NiO_{4+\delta}$ et $La_4Ni_3O_{10}$ (m^2/g)

Matériau	Mesurée	Calculée	Mesurée / Calculée
$La_{1.98}NiO_{4+\delta}$	2,6	4,3	0,60
$La_2NiO_{4+\delta}$	2,2	4,3	0,51
$La_4Ni_3O_{10}$	2,7	3,3	0,83

II.3 Mise en forme

II.3.1 Couches minces

Des revêtements minces ont été préparés en s'appuyant sur des travaux réalisés au Laboratoire [1, 4, 5].

Le procédé consiste en un trempage du substrat dans le sol suivi d'un traitement thermique convenable, afin d'élaborer un revêtement couvrant, homogène et sans fissuration. Les paramètres liés à la préparation du sol, à la méthode de dépôt et au traitement thermique ont été choisis en fonction des travaux antérieurs.

Préparation du support

Le substrat est l'électrolyte classique utilisé dans les SOFC, c'est-à-dire la zircone stabilisée à 8 % molaire en oxyde d'yttrium (ZrO_2-8%Y_2O_3). Le substrat se présente sous forme de pastilles denses de 2 cm de diamètre. La préparation a été faite par le laboratoire INP-ENSEEG.

La technique de dépôt par trempage-retrait (dip-coating) nécessite le contrôle de l'état de surface du substrat qui influence la qualité du revêtement et la microstructure de la cathode. Ainsi, afin d'avoir une même rugosité sur tous les substrats, un protocole systématique de polissage a été établi. La polisseuse dispose d'un bras mécanique avec réglage de la force à appliquer et d'un minuteur pour contrôler précisément le temps d'application et permettre la reproductibilité des opérations de polissage. Les substrats ont été polis à l'aide de grilles abrasives résinoïdes diamant. Deux disques de polissage ont été utilisés, le premier permet le rodage du substrat et le deuxième assure un polissage fin.

La mesure de la rugosité a été faite par profilométrie. Cette procédure de polissage conduit à une rugosité moyenne inférieure à 20 nm.

Préparation par trempage-retrait

Les sols sont préparés suivant le protocole décrit précédemment dans ce travail. Après trempage, le retrait du substrat est effectué à la vitesse optimisée de 3 cm/min [5].

Après séchage à l'étuve à 80 °C, le traitement thermique appliqué est déduit de l'étude thermogravimétrique effectuée dans des travaux antérieurs [5, 11] ; le profil de traitement thermique est représenté sur la figure II.9 ci-dessous. Le revêtement est obtenu cristallisé.

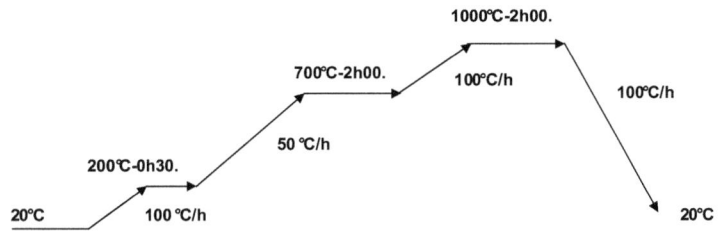

Figure II.9 Profil de traitement thermique de la couche mince

Caractérisation structurale et microstructurale

Le diffractogramme de rayons X de la figure II.10, donné en exemple pour $La_2NiO_{4+\delta}$, montre la présence de la phase pure recherchée et du substrat YSZ.

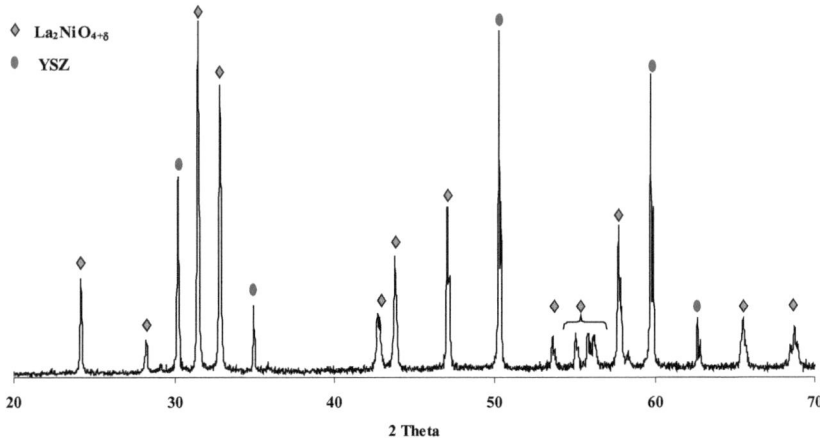

Figure II.10 Diffratogramme de rayons X de la couche mince $La_2NiO_{4+\delta}$ sur YSZ

La caractérisation microstructurale par microscopie électronique à balayage du revêtement La$_2$NiO$_{4+\delta}$ est présentée sur la figure II.11, La micrographie montre un revêtement couvrant, homogène, adhérent, non fissuré. Les grains sont de taille uniforme, voisine de 50 nm ; l'épaisseur de la couche est de l'ordre de 130 nm

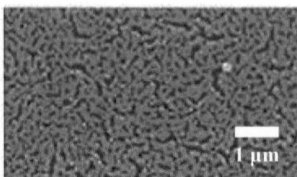

Figure II.11 Micrographie d'un revêtement mince de La$_2$NiO$_{4+\delta}$

II.3.2 Poudres

Les poudres que nous avons préparées sont destinées à élaborer des couches épaisses sur un support par l'intermédiaire d'une suspension (ou barbotine) dont les caractéristiques doivent être optimisées. Parmi ces nickelates de lanthane, La$_2$NiO$_{4+\delta}$ a déjà été caractérisé pour ses propriétés de transport ; le coefficient de diffusion de l'oxygène (D*) et le coefficient d'échange de surface (k) ont été déterminés [12]. Pour La$_4$Ni$_3$O$_{10}$ ces coefficients ne sont pas connus ; c'est pourquoi nous avons cherché à les déterminer en essayant de densifier ce matériau par une méthode non conventionnelle.

II.3.2.1 Essais de densification par SPS (Spark Plasma Sintering) de La$_4$Ni$_3$O$_{10}$ pour caractériser ses propriétés de transport.

La densification par frittage classique s'effectue dans des conditions de température élevée pour lesquelles il existe un risque de décomposition de la phase, en particulier pour La$_4$Ni$_3$O$_{10}$, dont la décomposition intervient à partir de 1190 °C [13]. La densification par frittage flash (Spark Plasma Sintering, SPS) consiste en un pressage à chaud assisté par l'application d'un courant électrique, sous forme d'impulsions de courte durée, qui permet d'atteindre très rapidement la température de frittage désirée. L'opération se déroule en atmosphère neutre ou sous vide.

Une masse de 1,30g de poudre La$_4$Ni$_3$O$_{10}$ est introduite dans une matrice en graphite de diamètre 8 mm, placée à l'intérieur de l'enceinte, constituée d'une chemise et de pistons en graphite, où s'effectue la densification du matériau. Les figures II.12a et b présentent respectivement les variations de la force appliquée (kN) et le déplacement du piston en fonction du temps et de la température. Le déplacement positif du piston correspond à la diminution d'épaisseur de l'échantillon .

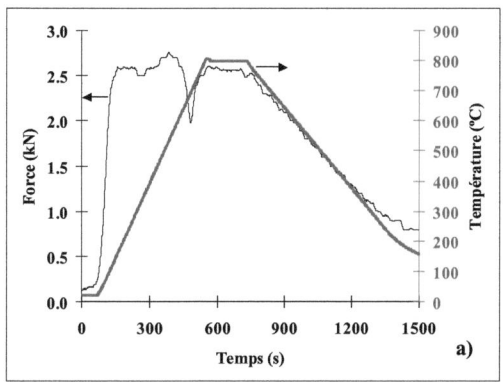

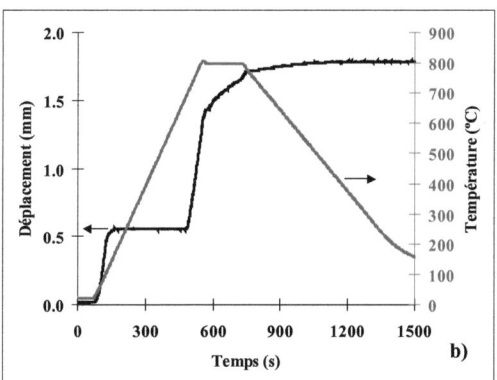

Figure II.12 a) et b): variations de la force appliquée (kN) (a) et de l'épaisseur de l'échantillon (b) en fonction du temps et de la température.

La densification de l'échantillon est atteinte quand l'épaisseur de l'échantillon ne varie plus dans les conditions appliquées, ce que nous n'observons pas sur la figure II.12 b.

Caractérisation par diffraction de rayons X

Après l'essai de densification, l'échantillon se présente sous forme d'une pastille massive de diamètre 8 mm et d'épaisseur 5 mm. Le diffractogramme de rayons X enregistré pour cet échantillon montre qu'il contient un mélange de phases parmi lesquelles on identifie l'oxyde de nickel, le nickel métallique, l'oxyde de lanthane. Compte tenu de la réduction de la phase, plusieurs calcinations successives à 1000 °C (vitesse de montée en température 50 °C/heure)

- 60 -

ont été nécessaires pour retrouver la phase $La_4Ni_3O_{10}$ présentée sur le diffractogramme de la figure II.13.

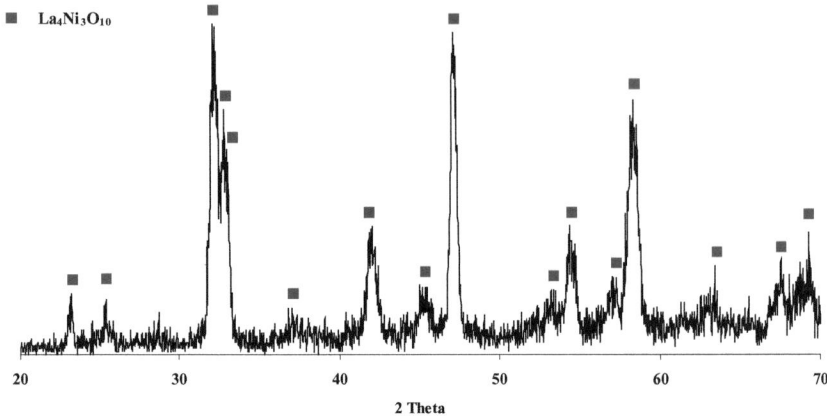

Figure II.13 Diffractogramme de rayons X de l'échantillon $La_4Ni_3O_{10}$ après densification par SPS et calcination

Microstructure de l'échantillon par MEB

La micrographie MEB a été enregistrée sur une section de la pastille afin de vérifier s'il subsistait de la porosité, et si celle-ci était homogène dans toute l'épaisseur de l'échantillon. La figure II.14 présente la section avec le détail des parties supérieure et inférieure de l'échantillon, qui montre qu'une porosité subsiste et qu'elle semble uniformément répartie. L'essai de densification par SPS n'a donc pas abouti , ce qui est à relier avec la difficulté de frittage déjà observée précédemment sur la poudre $La_4Ni_3O_{10}$.

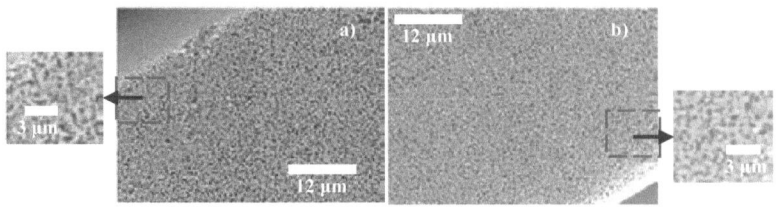

Figure II.14 Micrographie MEB d'une section verticale de l'échantillon $La_4Ni_3O_{10}$ après densification par SPS et calcination. a) et b) : Détail de la section haut (a) et bas (b)

II.3.2.2 Préparation des suspensions, optimisation et caractérisation

Dans le but de déposer par trempage-retrait (dip coating) un revêtement épais de matériau actif de cathode sur l'électrolyte YSZ, nous avons préparé une suspension dont les différents constituants ont chacun un rôle spécifique.

II.3.2.2.1 Formulation de base de la suspension

L'objectif est l'obtention d'une suspension stable dans laquelle les particules de matériaux actifs sont dispersées de manière homogène.

- Trois nickelates de lanthane sont retenus : $La_{1.98}NiO_{4+\delta}$, $La_2NiO_{4+\delta}$ et $La_4Ni_3O_{10}$.

Des exemples de composition de barbotine sont donnés dans la littérature [14, 15, 16, 17, 18 , 19 20], la plupart concernant les applications pour le coulage en bande (tape casting) d'anode ou d'électrolyte pour piles SOFC. En se basant sur ces travaux [18, 19, 20], nous avons dégagé la nature et les proportions en éléments constitutifs (solvant, dispersant, liant, plastifiant) pour différentes suspensions (Tableau II.4):

Tableau II.4 Exemple de formulations de suspensions (% massique)			
Matériau. Actif	TiO_2	Al_2O_3	$La_{0.7}Ca_{0.31}CrO_3$
	59,4	67,4	35.0
Solvant	MEK / EtOH 66 : 34 vol	MEK/EtOH 60 : 40 vol	MEK/EtOH 66 :34 vol
	28,9	25,6	45,0
Dispersant	Poly vinyl butiral (PVB-B98)	Phosphate ester	Phosphate ester
	0,6	0,5	3,0
Liant	Poly vinyl butiral (PVB-B79)	Poly vinyl butiral (PVB)	Poly-isobutyl methacrylate
	5,7	2,7	5,0
Plastifiant	Butyl benzyl phtalate	Dibutyl phtalate/ polyéthylène glycol	Benzyl butyl phtalate
	5,5	1,8/2,0	12,0
Référence	[18]	[19]	[20]

Nous nous appuierons sur cette composition-type pour élaborer la suspension qui sera utilisée. Par ailleurs, afin d'augmenter la porosité du revêtement pour acheminer plus rapidement le comburant au sein de la cathode et augmenter ainsi ses propriétés électrocatalytiques, nous nous sommes orientés vers l'incorporation d'un agent porogène dans la barbotine céramique afin de créer de la porosité.

Matériau actif de cathode (poudre)

Le taux de poudre dans la suspension varie entre 50 et 70 % en masse. Afin de préparer des couches épaisses en un minimum d'étapes, il est nécessaire que la charge en poudre de la suspension soit la plus élevée possible, tout en conservant la fluidité nécessaire pour la mise en forme ultérieure. Nous avons testé de façon qualitative, pour nos propres suspensions, différents rapports massiques poudre-solvant : 50-50, 60-40 et 70-30, afin de trouver le meilleur compromis entre charge, fluidité de la suspension et mouillage convenable de la poudre. Ces critères sont atteints pour des proportions égales en poudre et en solvant (50-50).

Solvant

Le solvant agit comme un vecteur de dispersion des particules d'oxyde et de dissolution des composants organiques. Des mélanges azéotropiques de solvants ont été souvent utilisés pour répondre à ces critères [18, 21, 22], en particulier le mélange azéotropique MEK/EtOH (66 : 34 en volume) ; ses propriétés de mouillabilité des particules d'oxyde et sa constante diélectrique (égale à 20) permettent une bonne dispersion de la poudre et la stabilité de la suspension en assurant un compromis entre répulsion électrostatique et forces d'attraction de Van der Waals. Pour la préparation de nos suspensions nous avons choisi ce mélange azéotropique MEK/EtOH (66 : 34 en volume).

Dispersant

Le dispersant favorise la désagrégation et la dispersion des particules d'oxyde dans le solvant. La stabilisation d'une suspension est obtenue quand la répulsion électrostatique entre les particules est maximale ou que l'encombrement stérique est important.

Le phosphate ester ''C213 Beycostat'', souvent pris comme dispersant [19, 23, 24], a été choisi pour nos suspensions. Nous avons étudié l'influence de l'addition de 2, 4 et 6 % de dispersant (% en masse par rapport à la poudre), ce qui est dans le domaine des valeurs reportées dans le tableau II.4 (1 à 3 % en masse par rapport à l'ensemble des constituants de la suspension).

Liant

Le liant est constitué de molécules polymères qui sont adsorbées à la surface des particules et forment des ponts organiques entre les molécules actives de la suspension. Le polyvinylbutyral (PVB), liant utilisé le plus fréquemment, est aussi celui que nous avons choisi (tableau II.4).

Le taux de liant représente 5 à 6% de la composition massique totale de la suspension ((tableau II.4), ce qui correspond à 12 % en masse par rapport à la poudre.

Plastifiant

Afin d'améliorer la flexibilité et la plasticité du revêtement, il est souvent utile d'ajouter un plastifiant, choisi en fonction du procédé de dépôt [15, 16, 19, 23].

Le plastifiant choisi est le dioctyl-phthalate à 2 % en masse par rapport à la poudre, ce qui correspond à environ 1 % en masse de la suspension.

Récapitulatif de la composition retenue

- Matériau actif (poudre) / solvant : 50 / 50 (% massique)
- Solvant : (MEK/EtOH : 66 / 34 -% Vol.)
- Additifs (%massique par rapport à la poudre) :
  - ✓ Dispersant (C 213) : 2, 4 et 6%
  - ✓ Liant (PVB) : 12 %,
  - ✓ Plastifiant (Dioctyl phtalate) : 2 %,

Les différentes suspensions qui ont été préparées sont rassemblées dans le tableau II.5 :

Tableau II.5 Composition des suspensions						
	Suspension					
	(1)		(2)		(3)	
Constituants	g	% massique	g	% massique	g	% massique
Matériau actif La$_{2-x}$NiO$_{4\pm\delta}$ (X= 0 et 0,02) La$_4$Ni$_3$O$_{10}$	1,00	46,30	1,00	45,87	1,00	45,45
Solvant (MEK/EtOH)	1,00	46,30	1,00	45,87	1,00	45,45
Dispersant (C213)	0,02	0,92	0,04	1,83	0,06	2,73
Liant (PVB)	0,12	5,56	0,12	5,51	0,12	5,46
Plastifiant (Dioctyl phtalate)	0,02	0,92	0,02	0,92	0,02	0,91
Total	2,16		2,18		2,20	

II.3.2.2.2 Elaboration des suspensions avec agent porogène

Les résultats bibliographiques ont montré, dans le cas des oxydes La$_2$NiO$_{4+\delta}$, que les performances électrocatalytiques sont limitées principalement par les réactions à la surface du matériau et non par la diffusion au cœur du matériau. Pour améliorer les coefficients d'échange de l'oxygène, il faut augmenter les surfaces d'échange. Cela peut être réalisé en augmentant la porosité du matériau par addition d'un agent porogène directement dans la barbotine céramique, procédé le plus simple pour créer de la porosité. Cet agent porogène doit rester inerte vis-à-vis de la poudre céramique. La barbotine est ensuite mise en forme de la même manière que précédemment sur un substrat d'électrolyte par dip-coating puis subit un cycle de cuisson qui permet de brûler l'agent porogène, qui laisse place à une porosité, après traitement thermique.

Dans cet objectif, nous avons étudié l'influence de la quantité d'agent porogène en utilisant l'amidon de maïs à 3% et 20% [25]. Les résultats obtenus avec 3% d'amidon ne sont pas présentés car seul un taux de 20% semble répondre correctement au cahier des charges en terme de pourcentage de porosité (évaluée d'après les micrographies MEB).

Dans un deuxième temps, la nature de l'agent porogène a été modifiée en introduisant dans la barbotine du carbone, au même taux de 20%, afin de comparer les deux agents porogènes amidon et carbone[26, 27]. L'observation microstructurale de ces deux agents porogènes sera présentée ultérieurement (cf. page 81). Dans le tableau II.6 sont présentées les compositions des suspensions avec 20 % d'agent porogène et 2, 4 et 6% de dispersant.

Tableau II.6 Composition de la suspension avec 20 % d'agent porogène (amidon ou carbone, % massique par rapport à la poudre) pour $La_{2-x}NiO_{4+\delta}$ (x=0 et 0,02) et $La_4Ni_3O_{10}$						
	Suspension					
	(4)		(5)		(6)	
Constituants	g	% massique	g	% massique	g	% massique
Matériau actif $La_{2-x}NiO_{4+\delta}$ (X= 0 et 0,02) $La_4Ni_3O_{10}$	1,00	42,37	1.00	42,02	1,00	41,67
Solvant (MEK/EtOH)	1,00	42,37	1.00	42,02	1,00	41,67
Dispersant (C213)	0,02	0,85	0.04	0,84	0,06	0,83
Liant (PVB)	0,12	5,08	0.12	5,04	0,12	5,00
Plastifiant (Dioctyl phtalate)	0,02	0,85	0.02	1,68	0,02	2,50
Amidon / carbone	0,20	8,48	0.20	8,40	0,20	8,33
Total	2,36		2.38		2,40	

Elaboration de la suspension

La procédure d'élaboration de toutes les suspensions est identique; elle consiste à peser successivement les différents constituants et à les mélanger dans un ordre convenable.

Dans un récipient sont rassemblés les éléments constitutifs de la suspension dans l'ordre suivant :

- la moitié de la poudre (matériau actif) préalablement pesée
- le solvant dans lequel le dispersant a été dissous (ultrasons pendant 2 minutes)
- l'autre moitié de la poudre est ensuite versée dans le récipient et l'ensemble est agité à faible vitesse afin d'imprégner la poudre avec le dispersant
- le liant est ajouté à la suspension

- le mélange est ensuite soumis à une agitation à la Sonotrode (SinapTec Power Unit NEXUS 198, appareillage ultrason direct), afin de briser les plus gros agglomérats. Le traitement à la Sonotrode a été répété trois fois à 16 % de la puissance maximale, pendant 1 minute avec 15 minutes de refroidissement intermédiaire
- le plastifiant est ajouté et la suspension est agitée pendant 15 minutes grâce à un agitateur magnétique.

II.3.2.2.3 Influence du taux de dispersant - mesure de potentiel Zeta et granulométrie

L'optimisation de la dispersion des suspensions dépend de deux facteurs [28, 29, 30] :

- la répulsion électrostatique des particules dans la suspension en raison de charges élevées et de même signe. La charge de la suspension et son signe sont mesurés par le Potentiel Zeta
- la taille des agglomérats, constitués du fait des forces d'attraction entre particules (Van der Waals) et variant selon le taux de dispersant. La taille des agglomérats est mesurée par granulométrie.

Nous avons mesuré le potentiel Zeta et la granulométrie de suspensions préparées avec les taux de dispersant 2, 4 et 6% massique par rapport aux poudres $La_{2-x}NiO_{4+\delta}$ et $La_4Ni_3O_{10}$; ces suspensions "standard" serviront de référence par la suite. Les résultats sont reportés ci-dessous.

Suspension sans agent porogène

Les valeurs de potentiel Zeta (mV) et de granulométrie (nm) sont présentées sur la figure II.15 ($La_{2-x}NiO_{4+\delta}$) et II.16 ($La_4Ni_3O_{10}$).

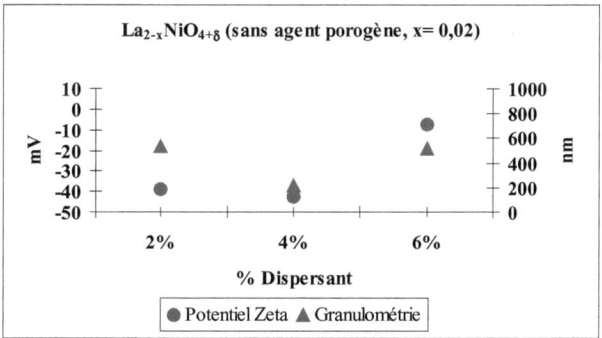

Figure II.15 Potentiel Zeta et Granulométrie de la suspension de $La_{1.98}NiO_{4+\delta}$ *
(* nous avons vérifié que les résultats restaient valables aussi pour $La_2NiO_{4+\delta}$)

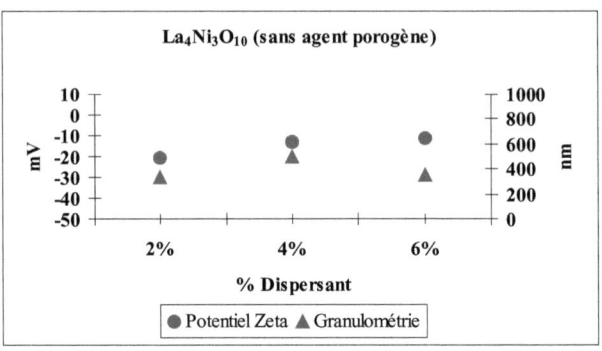

Figure II.16 Potentiel Zeta et Granulométrie de la suspension de La$_4$Ni$_3$O$_{10}$

La figure II.15 montre nettement l'effet bénéfique du traitement de la suspension à la Sonotrode conjugué à l'addition d'agent dispersant : la taille des aggrégats de La$_{1.98}$NiO$_{4+\delta}$ est de l'ordre de 500 nm alors que dans la poudre la taille moyenne des aggrégats était comprise entre 900 et 1550 nm. Un optimum semble être atteint avec 4 % de dispersant, ce qui est bien corrélé à une valeur minimale de potentiel Zeta.

Dans le cas de La$_4$Ni$_3$O$_{10}$, le traitement de la suspension à la Sonotrode et l'ajout de dispersant ont eu une influence beaucoup plus faible que pour La$_{1.98}$NiO$_{4+\delta}$ puisque la poudre de départ est moins agglomérée ; ceci est lié à un avancement du frittage moins important, comme nous l'avions déjà constaté. La taille moyenne des particules de La$_4$Ni$_3$O$_{10}$ (400 nm) est du même ordre de grandeur dans la suspension et dans la poudre. Pour les différents taux de dispersant utilisés et compte tenu de l'incertitude liée aux mesures, nous pouvons noter la stabilité de la taille des grains et de la mesure de potentiel Zeta, ce qui confirme que l'agent dispersant n'a pas d'effet sur ce type de poudre désagglomérée.

La stabilité de la suspension correspond à des valeurs de granulométrie les plus petites possible et à une charge négative des particules, de telle sorte que la répulsion électrostatique soit maximale ; ces conditions sont atteintes, pour La$_{1.98}$NiO$_{4+\delta}$ avec 4 % de dispersant, et pour La$_4$Ni$_3$O$_{10}$ avec de 2 % de dispersant [30]. On déduit de ces résultats, la meilleure composition pour obtenir, avec chacune des poudres de départ, une barbotine suffisamment stable pour effectuer des dépôts sur le substrat.

Suspensions avec agent porogène

La$_{1,98}$NiO$_{4+\delta}$, et 20% d'agent porogène (amidon ou carbone)

Le potentiel Zeta et la granulométrie des suspensions préparées avec ces deux agents porogènes sont représentées sur la figure II.17. On remarque, dans les deux cas, une relative stabilité de la granulométrie ; avec l'amidon les particules sont de l'ordre de 900 nm et avec le carbone de l'ordre de 400 nm. Si on compare ces valeurs à celles obtenues en l'absence d'agent porogène, on constate que l'amidon a un effet agglomérant alors que le carbone ne modifie pas l'état d'agglomération de la suspension. Le potentiel Zeta augmente légèrement en fonction du taux de dispersant et, dans les deux cas, il est "moins négatif" (-30 mV à 0 mV) que sans agent porogène (-40 mV à -10mV) ; ceci tendrait à montrer que l'agent porogène perturbe légèrement la stabilité de la suspension en diminuant l'effet électrostatique répulsif entre les particules.

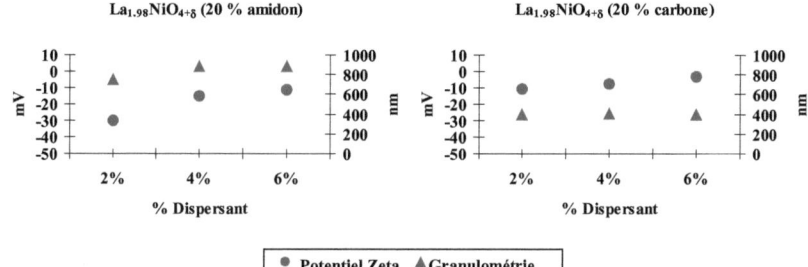

Figure II.17 Potentiel Zeta et Granulométrie de la suspension de La$_{1,98}$NiO$_{4+\delta}$, avec 20% d'agent porogène

La$_4$Ni$_3$O$_{10}$, et 20% d'agent porogène (amidon ou carbone)

Le potentiel Zeta et la granulométrie des suspensions préparées avec ces deux agents porogènes sont représentées sur la figure II.18. Comme nous l'avons souligné précédemment, il n'y a pas d'agglomération des particules ; avec l'amidon, comme avec le carbone, le taux de dispersant n'a pas d'influence et les courbes de granulométrie sont similaires à celle obtenue sans agent porogène. Le potentiel Zeta présente des valeurs négatives qui ont tendance à augmenter avec l'addition de dispersant ; toutefois ces valeurs sont plus élevées que sans agent porogène, ce qui tendrait à montrer, comme avec La$_{1,98}$NiO$_{4+\delta}$, que l'effet électrostatique répulsif entre les particules est diminué par l'introduction de l'agent porogène.

Dans l'intervalle étudié, nous retiendrons pour la suspension avec agent porogène, comme en absence d'agent porogène, un taux de 2% massique de dispersant.

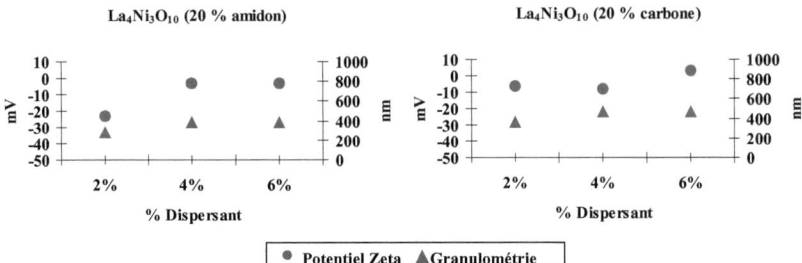

Figure II.18 Potentiel Zeta et Granulométrie de la suspension de La$_4$Ni$_3$O$_{10}$, avec 20 % d'agent porogène

Les compositions des suspensions retenues pour la suite de l'étude en fonction des taux de dispersant sont regroupées dans le tableau II.7 :

Tableau II.7 Composition des suspensions en fonction des taux de dispersant (% massique par rapport à la poudre)		
	Matériau actif	**Dispersant**
Sans porogène	La$_{2-x}$NiO$_{4+\delta}$, (x=0 et 0,02)	4
	La$_4$Ni$_3$O$_{10}$	2
Agent porogène (amidon et carbone, 20 %)	La$_{2-x}$NiO$_{4+\delta}$, (x=0. 0,02)	2
	La$_4$Ni$_3$O$_{10}$	2

L'étape suivante consiste à déterminer la température de calcination de la suspension qui permettra d'éliminer les composés organiques et d'assurer un bon ancrage du matériau actif sur le substrat.

II.3.2.2.4 Analyse thermogravimétrique des suspensions

La caractérisation thermique des suspensions a été effectuée sur un échantillon préalablement étuvé sous air à 150 °C pendant 12 heures. Les conditions d'analyse thermique sont les suivantes :

- vitesse de chauffage : 5 °C/min
- température maximale : 1000 °C
- refroidissement : 10 °C/min

Analyse thermique des suspensions de La$_{2-x}$NiO$_{4+\delta}$ (x=0 et 0,02) et La$_4$Ni$_3$O$_{10}$ -sans agent porogène-

Les figures II.19 et II.20 présentent les résultats d'analyse thermique des suspensions de La$_{2-x}$NiO$_{4+\delta}$ (x=0. et 0,02) et La$_4$Ni$_3$O$_{10}$ -sans agent porogène-. Les courbes présentent une première partie, entre 70 et 130°C, qui correspond à un pic endothermique dû à la perte d'eau ; puis, entre 200 et 400°C, une perte de masse attribuée à la dégradation des constituants organiques et accompagnée de deux pics exothermiques .

La suspension de La$_{2-x}$NiO$_{4+\delta}$ (x=0 et 0,02) présente un pourcentage de perte de masse plus élevé que celui de la suspension de La$_4$Ni$_3$O$_{10}$, respectivement 18% et 13%, à cause d'une teneur plus élevée de dispersant, respectivement 4% et 2% .

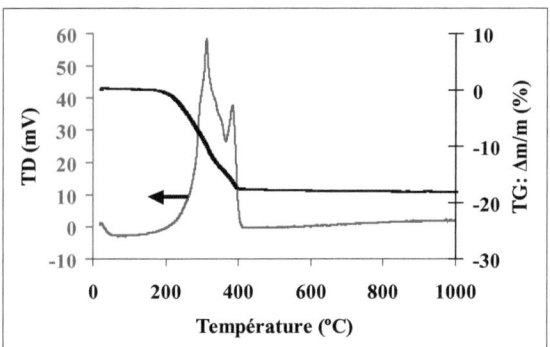

Figure II.19 Analyse thermique de la suspension La$_{2-x}$NiO$_{4+\delta}$, (x=0 et 0,02)

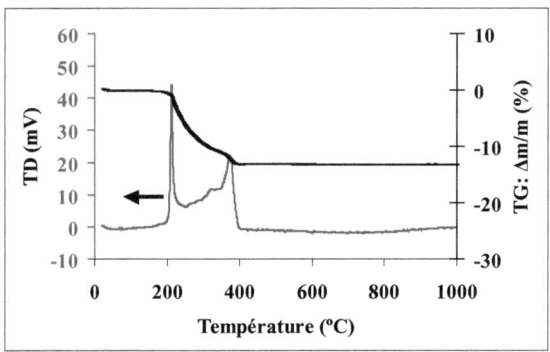

Figure II.20 Analyse thermique de la suspension de La$_4$Ni$_3$O$_{10}$

Analyse thermique des suspensions de La$_{2-x}$NiO$_{4+\delta}$ (x=0 et 0,02) et La$_4$Ni$_3$O$_{10}$, avec 20% d'agent porogène (amidon ou carbone)

Les courbes d'analyse thermique des suspensions avec agent porogène sont similaires à celles obtenues pour les suspensions sans porogène ; l'intervalle de température au cours duquel s'effectue la perte de masse est toutefois plus étendu (200 à 500 °C avec l'amidon, 200 à 600°C avec le carbone) et la perte de masse finale de l'ordre de 30% prend en compte la dégradation thermique de l'agent porogène (figures II.21 et II.22 avec l'amidon, II.23 et II.24 avec le carbone).

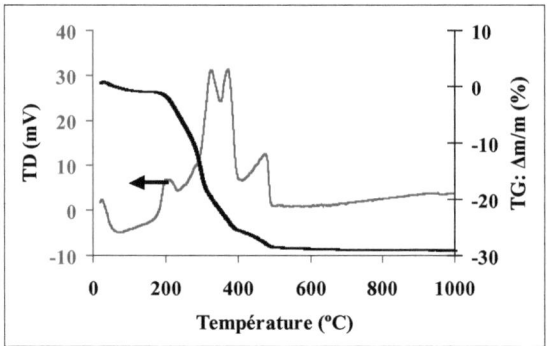

Figure II.21 Analyse thermique de la suspension de La$_{2-x}$NiO$_{4+\delta}$ (x=0 et 0,02), avec 20% d'agent porogène (amidon)

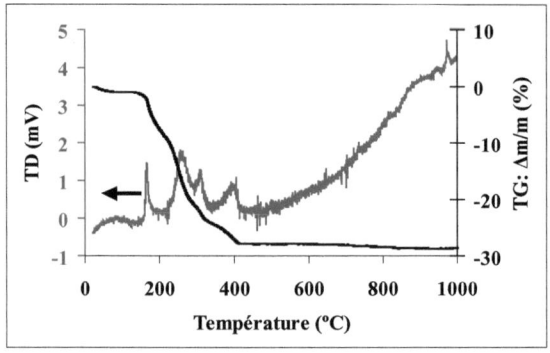

Figure II.22 Analyse thermique de la suspension de La$_4$Ni$_3$O$_{10}$, avec 20% d'agent porogène (amidon)

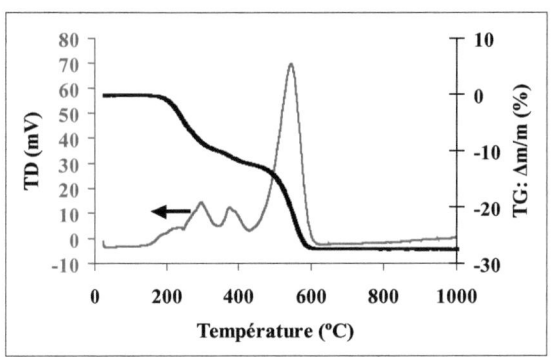

Figure II.23 Analyse thermique de la suspension de La$_{2-x}$NiO$_{4+\delta}$ (x=0 et 0,02), avec 20% d'agent porogène (carbone)

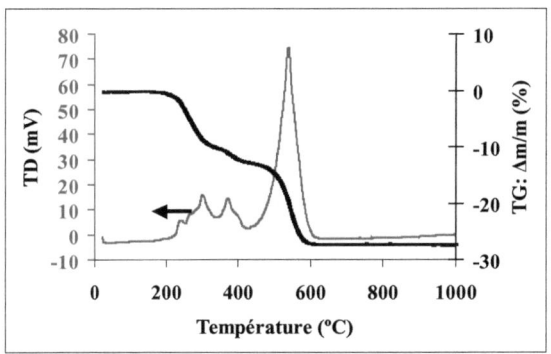

Figure II.24 Analyse thermique de la suspension de La$_4$Ni$_3$O$_{10}$, avec 20% d'agent porogène (carbone)

Profil de traitement thermique des couches

Le traitement thermique a un double rôle : la cristallisation de l'oxyde et l'ancrage du revêtement sur le substrat. Celui-ci doit préserver par ailleurs l'homogénéité et la cohérence de la couche (ne pas créer des fissurations). Nous nous sommes appuyés sur les connaissances acquises par l'équipe au cours de travaux précédents pour définir la vitesse de montée en température pour des couches interfaciales [5 ,31].

Nous avons traité de manière séparée les couches obtenues à partir de suspensions sans, ou avec, agent porogène.

Profil de traitement thermique de la couche sans agent porogène

Nous avons vu (figures II.25 et II.26) que la perte de masse intervient principalement autour de 400°C ; dans le profil thermique retenu, nous avons pris une marge de sécurité en chauffant jusqu'à 500 °C à la vitesse de 50 °C/h [5], et en maintenant cette température pendant 30 minutes, afin d'éviter tout départ massif des organiques qui pourrait occasionner la formation de fissures dans la couche. Le chauffage est poursuivi jusqu'à 1000 °C à 100 °C/heure et la température maintenue pendant 2 heures (figure II.25) [30].

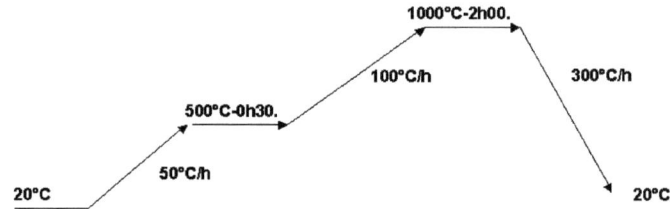

Figure II.25 Profil de traitement thermique de la couche sans agent porogène

Profil de traitement thermique de la couche avec agent porogène

Le profil de traitement thermique prend en compte les domaines de température déterminés précédemment pour les suspensions avec agent porogène, à savoir un chauffage jusqu'à 700 °C à vitesse lente, puis la poursuite du traitement thermique jusqu'à 1000 °C. L'ensemble du profil de traitement thermique est représenté sur la figure II.26.

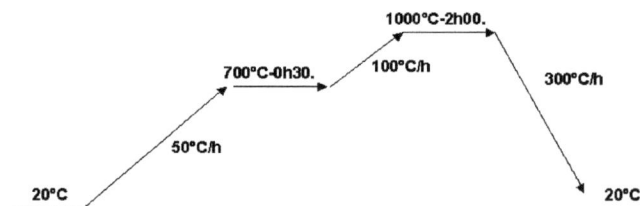

Figure II.26 Profil de traitement thermique de la couche avec agent porogène

L'ensemble de cette étude constitue une étape-clé pour l'obtention, à partir d'une suspension avec ou sans agent porogène, d'une couche épaisse homogène, stable, adhérente et sans fissuration.

Avec les suspensions optimisées et les profils thermiques décrits précédemment nous préparons des couches épaisses de nickelates de lanthane, avec et sans agent porogène et nous les caractérisons par microscopie électronique à balayage (MEB) et diffraction de Rayons X.

II.3.3 Elaboration et caractérisation de couches épaisses

L'optimisation de la suspension, la vitesse de retrait, le traitement thermique et le nombre de dépôts sont des paramètres-clés pour l'élaboration d'un revêtement épais.

A partir de la suspension dans laquelle nous avons optimisé le taux de dispersant, le profil thermique ayant été déterminé précédemment et la vitesse de retrait étant fixée à 3 cm.min^{-1} d'après des travaux antérieurs [5], nous avons élaboré les revêtements par la méthode de trempage-retrait du substrat dans la suspension. Le substrat YSZ a été préalablement poli comme décrit dans la préparation des couches minces. Des études théoriques ont montré qu'une épaisseur de revêtement de l'ordre de 10 microns est représentative pour l'étude des propriétés de la cathode [32]. Afin d'atteindre cette épaisseur, trois dépôts successifs ont été effectués ; le premier et le deuxième dépôt sont suivis d'un traitement thermique à la température intermédiaire (500 °C sans agent porogène et 700 °C avec agent porogène) et le troisième dépôt est calciné à une température supérieure (1000 °C, ou 1200 °C pour des problèmes d'adhérence de revêtement comme nous le verrons par la suite).

Les moyens de caractérisation que nous avons mis en œuvre sont la microscopie électronique à balayage (MEB), la diffraction de rayons X et les essais mécaniques d'adhérence par micro-rayage.

II.3.3.1 Revêtements sans agent porogène

Diffractogrammes de rayons X

Les diffractogrammes de rayons X ont été enregistrés afin de vérifier la nature de la phase obtenue. Pour les trois matériaux : $La_{1.98}NiO_{4+\delta}$, $La_2NiO_{4+\delta}$ et $La_4Ni_3O_{10}$, la phase pure recherchée est la seule obtenue, sans aucune réactivité avec la zircone yttriée Les diffractogrammes de rayons X sont représentés sur les figures II.27 et II.28.

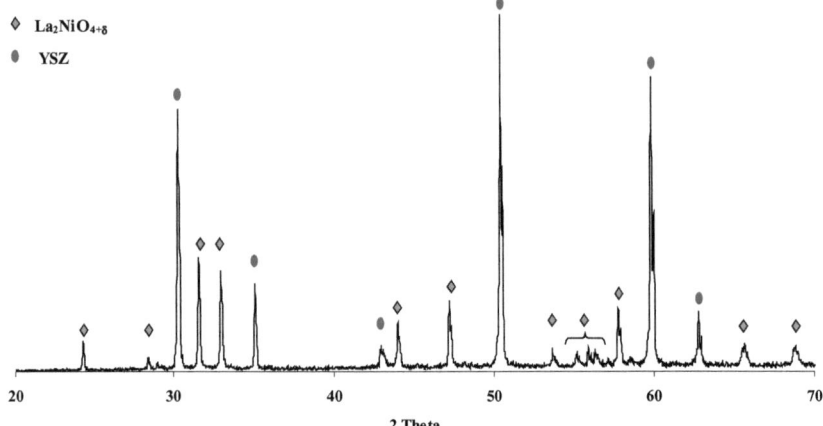

Figure II.27 Diffractogramme de rayons X du revêtement La₂NiO₄₊δ sur YSZ

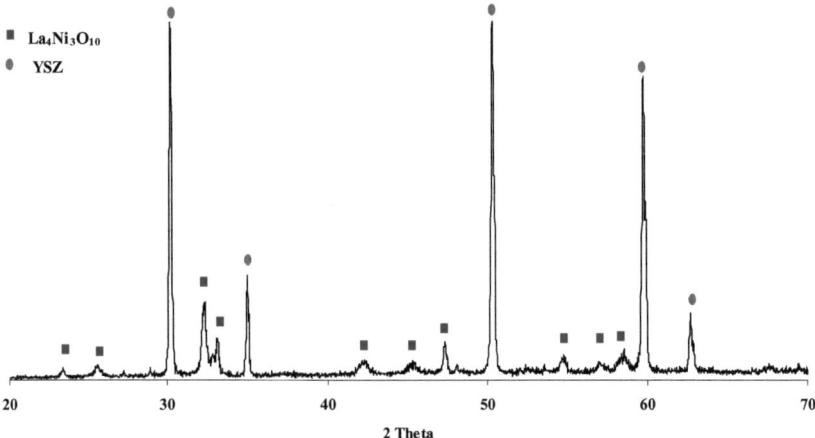

Figure II.28 Diffractogramme de rayons X du revêtement La₄Ni₃O₁₀ sur YSZ

Micrographie MEB

Les échantillons ont été préparés pour permettre l'observation de la surface et de la section par microscopie électronique à balayage.

Sur les figures II.29, II.30 et II.31 sont représentées la surface et la section des revêtements élaborés à partir de $La_2NiO_{4+\delta}$, $La_{1.98}NiO_{4+\delta}$, $La_4Ni_3O_{10}$ respectivement et calcinés à 1000 °C. Les épaisseurs des revêtements sont reportées dans le tableau II.8.

Tableau II.8 Epaisseur et taille de grain des revêtements sans agent porogène ($T_{calc.}$=1000°C		
Revêtement	**Epaisseur (µm)**	**Taille de grain (µm)**
YSZ \ $La_2NiO_{4+\delta}$ (trois dépôts)	9 (± 2)	0,3 (± 0,1)
YSZ\ $La_{1.98}NiO_{4+\delta}$ (cinq dépôts)	9 (± 2)	
YSZ\ $La_4Ni_3O_{10}$ (deux dépôts)	7 (± 2)	0,21 (±0,03) x 0,6 (±0,1)

Dans tous les cas, la couche présente une bonne cohésion tout en montrant la présence d'une porosité interconnectée. La surface est homogène et sans fissurations. Les grains sont de même taille que dans la poudre, avec toutefois pour les matériaux $La_2NiO_{4+\delta}$ et $La_{1.98}NiO_{4+\delta}$ la présence simultanée de grains de forme sphérique et de grains agglomérés par frittage (figures II.29.a, II.29.c, II.30.a et II.30.c).

Avec le matériau $La_4Ni_3O_{10}$, le revêtement est homogène et sans fissurations (figure II.31.b); les grains ont majoritairement une morphologie en bâtonnet (figure II.31.a et II.31.c).

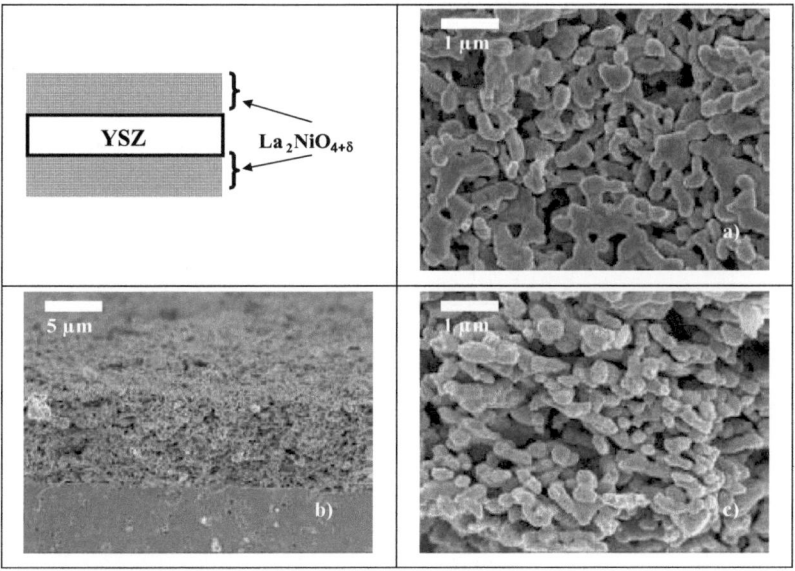

Figure II.29 Revêtement $La_2NiO_{4+\delta}$ sur substrat YSZ ; micrographies de la surface (a) et de la section (b) et (c)

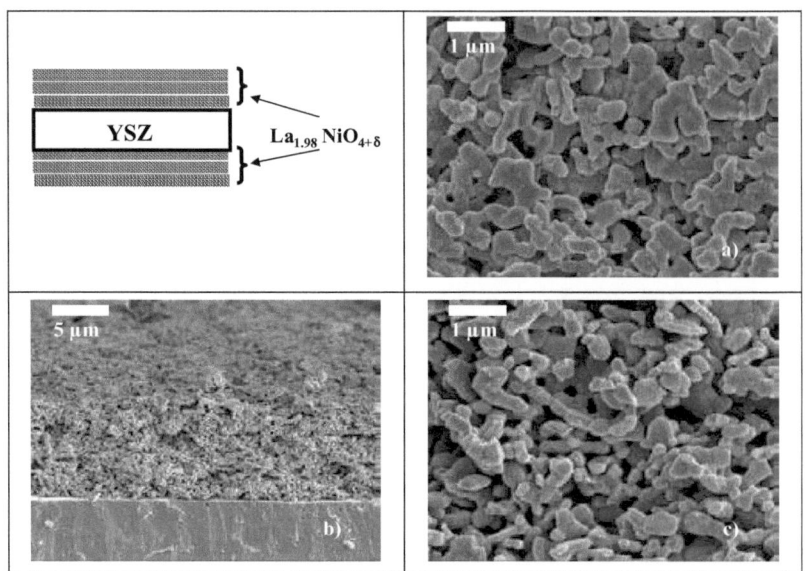

Figure II.30 Revêtement La$_{1.98}$NiO$_{4+\delta}$, sur substrat YSZ ; micrographies de la surface (a) et de la section (b) et (c)

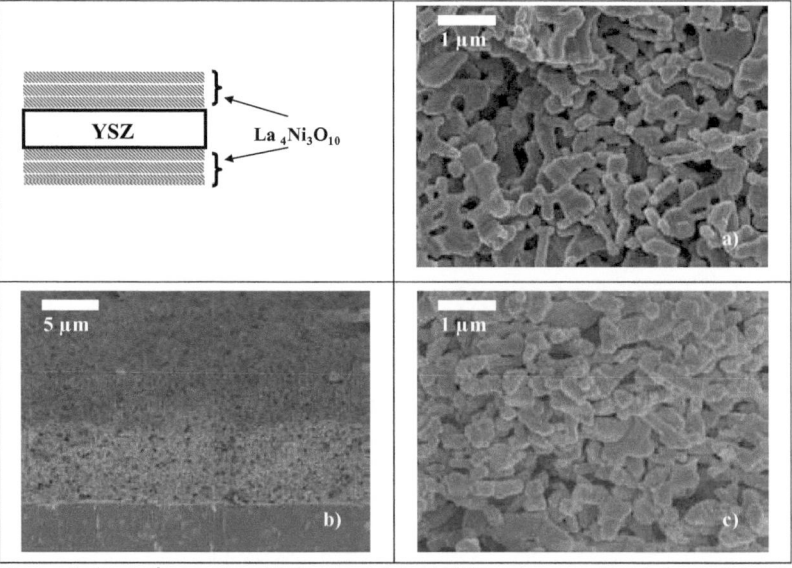

Figure II.31 Revêtement La$_4$Ni$_3$O$_{10}$ sur substrat YSZ ; micrographies de la surface (a) et du profil (b) et (c)

Essais mécaniques d'adhérence (micro-rayage)

Afin de vérifier l'adhérence du revêtement sur le substrat, nous avons fait un essai mécanique de rayage sur l'appareil "Revetest (1N-200N), CSM Instruments" dans les conditions indiquées ci-après.

L'échantillon est rayé par une pointe normalisée qui est déplacée à sa surface avec une charge progressive. Le diamètre de la pointe est 200 μm, la vitesse d'entaille est de 1,5 mm/min et la charge varie de 1 à 3 N sur une longueur d'entaille de 3 mm ;.

Les figures II.32 à II.34 présentent les profils de rayage obtenus :

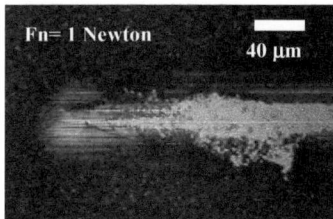 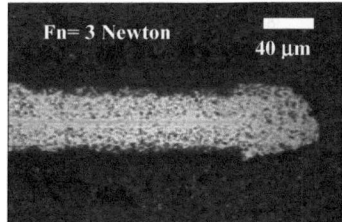

Figure II.32 Essai mécanique d'adhérence sur revêtement La$_2$NiO$_{4+\delta}$

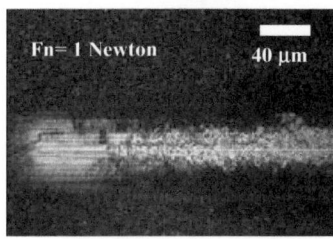 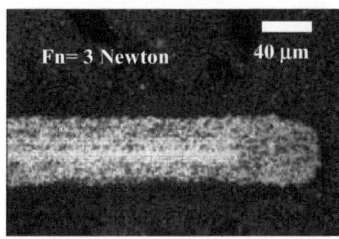

Figure II.33 Essai mécanique d'adhérence sur revêtement La$_{1.98}$NiO$_{4+\delta}$

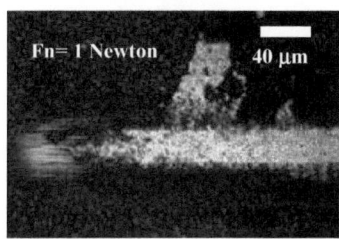 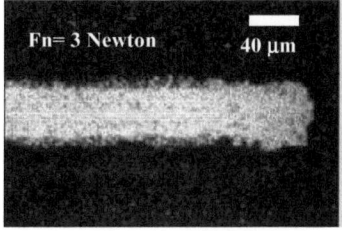

Figure II.34 Essai mécanique d'adhérence sur revêtement La$_4$Ni$_3$O$_{10}$

Ces profils montrent que la largeur maximale de l'entaille est d'environ 60 µm ; compte tenu de la force appliquée, cela correspond à une pression très élevée (plusieurs centaines de MPa), ce qui explique l'arrachement du dépôt. Néanmoins, celui-ci ne se détache pas autour de l'entaille, puisque le substrat est à nu seulement sur la trace de la pointe et aucun entraînement de matière n'est observé de part et d'autre de cette trace.

A défaut de disposer d'un nanoscratch-test qui serait plus adapté à la nature et à l'utilisation de nos revêtements que le test de rayage décrit ci-dessus, nous avons utilisé une technique alternative avec un ruban-test adhésif normalisé (NF-A91-102, NFT30-038) ; ce test a seulement une valeur qualitative et comparative entre les échantillons, le ruban adhésif n'étant pas destiné à des matériaux de type céramique. Le test est effectué en appliquant fortement le ruban adhésif à la surface de l'échantillon et en observant la trace laissée par l'arrachement de l'adhésif. Les figures II.35 et 36 représentent les échantillons de $La_2NiO_{4+\delta}$ et $La_4Ni_3O_{10}$ sur lesquels ont été effectués ces tests. Dans chaque cas, les revêtements présentent néanmoins une résistance à l'arrachement.

 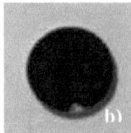

Figure II.35 Test d'adhérence (ruban adhésif normalisé) sur revêtement architecturé
YSZ \ $La_2NiO_{4+\delta}$
Surface de l'échantillon : avant pose de l'adhésif (a) et après arrachement (b)

Figure II.36 Test d'adhérence (ruban adhésif normalisé) sur revêtement architecturé
YSZ \ $La_4Ni_3O_{10}$
Surface de l'échantillon : avant pose de l'adhésif (a) et après arrachement (b)

II.3.3.2 Revêtements avec agent porogène

Les suspensions préparées avec un agent porogène (amidon et carbone) ont été mises en œuvre dans l'élaboration de revêtements qui sont caractérisés par diffraction de rayons X et microscopie à balayage.

Micrographies MEB

$La_{1.98}NiO_{4+\delta}$ et $La_4Ni_3O_{10}$ avec 20% d'amidon

Les échantillons ont été traités suivant le profil thermique indiqué précédemment, c'est-à-dire qu'après chaque dépôt un chauffage à vitesse lente (50 °C/heure) permet d'atteindre la température intermédiaire de 700 °C, maintenue pendant 30 minutes; après le dernier dépôt, l'échantillon est calciné à 1000 °C durant 2 heures. Les revêtements obtenus dans ces conditions sont fortement dégradés. Malgré un fort ralentissement de la première étape de chauffage, jusqu'à 5 °C/heure, il n'a pas été possible d'obtenir un revêtement homogène comme le montrent les micrographies de la surface des revêtements reportées sur la figure II.37.

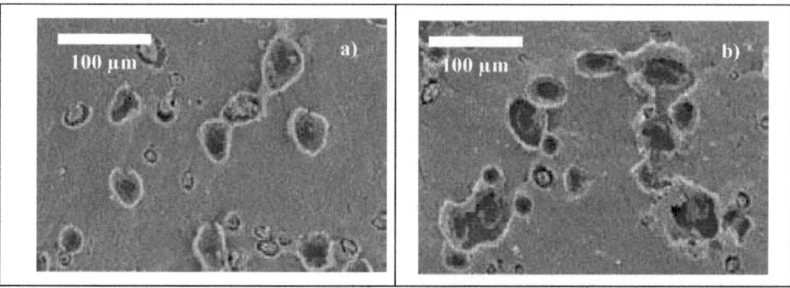

Figure II.37 Surface des revêtements (a) $La_{1.98}NiO_{4+\delta}$ + amidon 20 % et (b) $La_4Ni_3O_{10}$ + amidon 20 %

Plusieurs hypothèses peuvent être proposées pour interpréter ce résultat :
- d'une part la structure de l'amidon, constituée par des chaînes polymères, dont la rupture brutale peut être responsable des fortes dégradations observées
- d'autre part, une dispersion insuffisante des grains d'amidon à l'intérieur de la suspension. En effet, comme nous le voyons sur la figure II.38, les grains d'amidon ont tendance à s'agglomérer fortement et l'agitation préalable de la suspension doit être très importante pour rompre ces agglomérats [33].

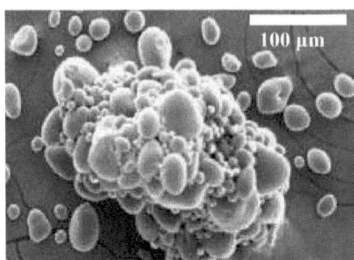

Figure II.38 Micrographie de l'amidon

Les résultats obtenus avec l'amidon fortement aggloméré nous ont conduits à changer d'agent porogène et à choisir le noir de carbone pulvérulent (carbon black, Alfa Aesar).

Ce noir de carbone est formé de très fines particules de taille homogène, environ 400 fois plus petites que les grains d'amidon (figure II.39).

Figure II.39 Micrographie du noir de carbone

$La_{1.98}NiO_{4+\delta}$ et $La_4Ni_3O_{10}$ avec 20% de noir de carbone

Les revêtements de $La_{1.98}NiO_{4+\delta}$ et $La_4Ni_3O_{10}$ avec le noir de carbone (figure II.40a-c et II.41a-c) sont plus poreux et beaucoup plus épais que les revêtements correspondants élaborés sans agent porogène (figure II.29a-c et II.31a-c). Les épaisseurs obtenues pour trois dépôts sont de l'ordre de 30 et 40 µm pour $La_{1.98}NiO_{4+\delta}$ et $La_4Ni_3O_{10}$ respectivement.

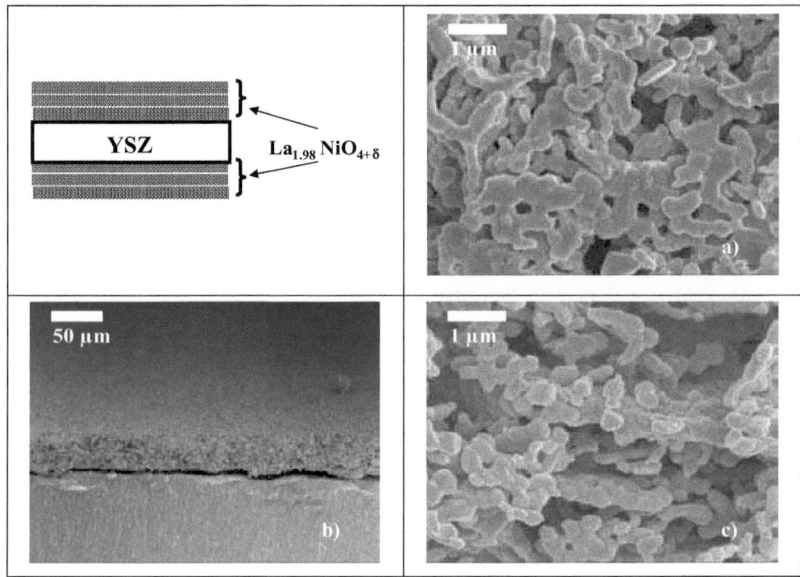

Figure II.40 La$_{1.98}$NiO$_{4+\delta}$ avec noir de carbone (20%) surface (a) et section (b) et (c)

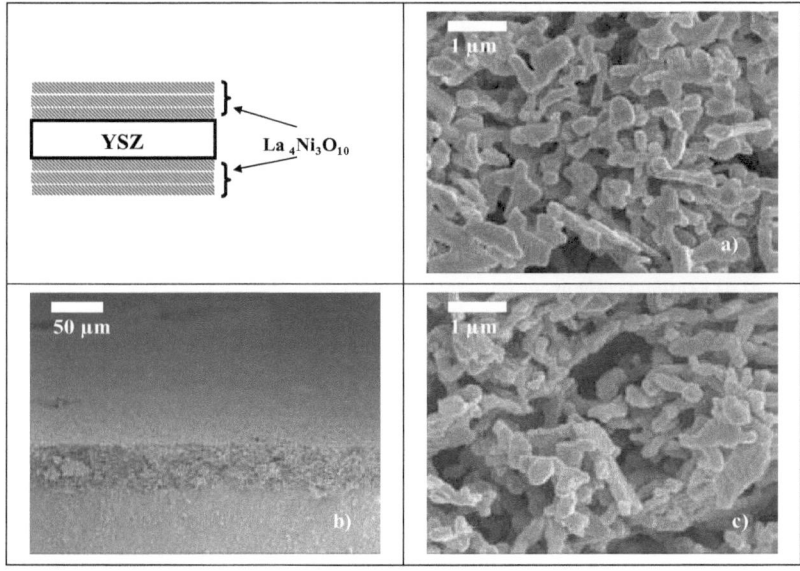

Figure II.41 La$_4$Ni$_3$O$_{10}$ avec noir de carbone (20 %), surface (a) et section (b) et (c)

Sur la figure II.40.b) on remarque l'homogénéité de la couche et son décollement par rapport au substrat; celui-ci peut être dû soit à la préparation de l'échantillon pour la micrographie, soit à un manque d'adhérence du revêtement. La porosité élevée, qui est mise en évidence sur les figures 40c et 41c, est aussi responsable de la fragilité du revêtement. Nous avons cherché à déterminer si l'abaissement du taux de carbone dans la barbotine pouvait améliorer la qualité du revêtement en préparant des suspensions avec 10 % de carbone, en maintenant à 2% le taux de dispersant, comme pour les autres suspensions avec agent porogène.

La$_{1.98}$NiO$_{4+\delta}$ et La$_4$Ni$_3$O$_{10}$ avec 10% de noir de carbone

Nous avons préparé des revêtements avec des barbotines contenant 10 % de noir de carbone, la température de calcination étant fixée à 1000° C. L'épaisseur du revêtement est voisine de 17 microns, deux fois plus faible qu'avec 20% de carbone, mais la porosité reste toujours élevée (figures 42b et 43b). La taille des grains ne semble pas modifiée par rapport aux poudres de départ ; on remarque un frittage assez avancé pour La$_{1.98}$NiO$_{4+\delta}$ alors que dans la couche La$_4$Ni$_3$O$_{10}$, les grains restent individualisés. Nous avons constaté une amélioration de l'adhérence du revêtement sur le substrat, mais celle-ci est encore insuffisante comme le montre la figure 43a

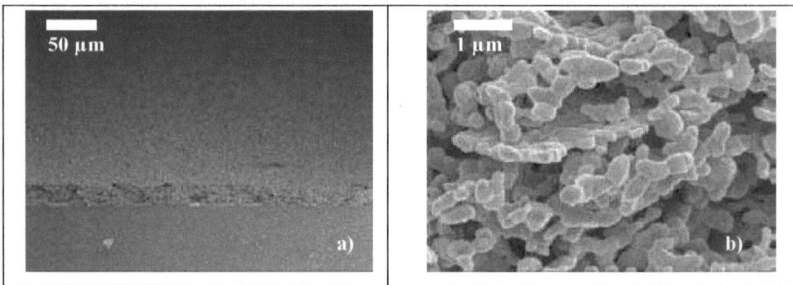

Figure II.42 Profil du revêtement La$_{1.98}$NiO$_{4+\delta}$ et noir de carbone (10%). T$_{calc.}$=1000 °C

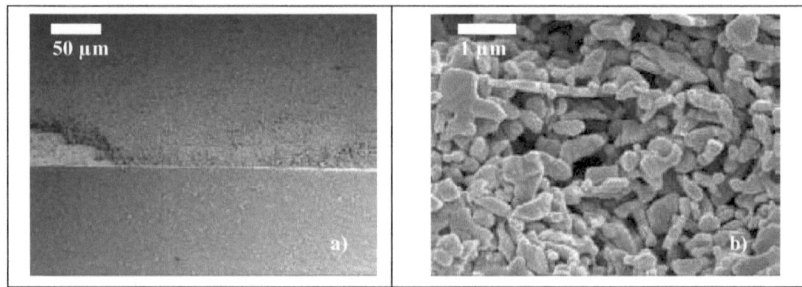

Figure II.43 Profil du revêtement La$_4$Ni$_3$O$_{10}$ et noir de carbone (10 %). T$_{calc.}$=1000 °C

Pour améliorer l'adhérence de la couche, des essais ont été effectués en modifiant la température de calcination finale. Elle a été délibérément portée à une valeur-seuil de 1200 °C, limite au-delà de laquelle peut se produire la décomposition de $La_4Ni_3O_{10}$ [13]. Malgré cette augmentation de température, l'adhérence reste insuffisante pour $La_{1.98}NiO_{4+\delta}$, au point qu'il n'a pas été possible de préparer l'échantillon pour l'observation par micrographie MEB. Pour $La_4Ni_3O_{10}$, le revêtement est adhérent, d'épaisseur 6 microns, du même ordre que celle obtenue pour un seul dépôt après traitement thermique à 1000°C. On remarque, par ailleurs, un fort grossissement des grains, qui passent d'une taille moyenne de 400 nm à 1000 °C à 1 micron à 1200 °C (figures II.43 et II.44).

Figure II.44 Profil du revêtement $La_4Ni_3O_{10}$ avec noir de carbone (10 %)
$T_{calc.}$=1200 °C

Conclusions

L'ensemble des expérimentations effectuées avec des suspensions contenant un agent porogène a montré la difficulté de répondre en totalité au cahier des charges, à savoir : disposer de revêtements épais, homogènes, poreux et adhérents sur le substrat, dans les limites de température de traitement thermique dans lesquelles il n'y a pas de risque de décomposition de nos matériaux. Nous avons jugé prioritaire le critère de l'adhérence sur le substrat ; c'est pourquoi, dans la suite de ce travail, nous avons renoncé à l'utilisation d'agent porogène dans nos suspensions compte tenu que même sans agent porogène, le réseau poreux semble interconnecté bien que de plus faible taille.

Références bibliographiques

1 M. Gaudon et al., Solid State Sciences 4, 125–133, (2002)
Preparation and characterization of $La_{1-x}Sr_xMnO_{3+\delta}$ ($0 \leq x \leq 0.6$) powder by sol–gel processing

2 C. Laberty-Robert et al., Ceramics International 29, 151–158, (2003)
Dense yttria stabilized zirconia: sintering and microstructure

3 M. Gaudon et al., Solid State Sciences 5 (10), 1377–1383, (2003)
New chemical process for the preparation of fine powders and thin films of LSMx-YSZ composite oxides

4 M.-L. Fontaine et al., Ceramics International 30, 2087–2098, (2004)
Synthesis of $La_{2-x}NiO_{4+\delta}$ oxides by polymeric route: non-stoichiometry control

5 M.-L. Fontaine, Thèse de Doctorat de l'Université Toulouse III, France 2004,
Elaboration et caractérisation par le procédé sol-gel d'architectures d'électrodes de nickelates de lanthane sous forme de films minces (< 1 micron). Application Pile à Combustible à Oxyde Solide fonctionnant à température intermédiaire.

6 M.L. Fontaine et al., Materials Research Bulletin 41, 1747–1753, (2006)
Synthesis of $La_{2-x}NiO_{4+\delta}$ oxides by sol gel process: Structural and microstructural evolution from amorphous to nanocrystallized powders

7 H. Fjellvåg et al., Thermochimica Acta 256, 75-89, (1995)
Thermal analysis as an aid in the synthesis of non-stoichiometric perovskite type oxides

8 M.L. Fontaine et al., Journal of Solid State Chemistry 177 (4-5), 1471–1479, (2004)
Elaboration and characterization of $La_{2-x}NiO_{4+\delta}$ powders and thin films via a modified sol-gel process

9 Z. Zhang et al., Journal of Solid State Chemistry 117, 236-246, (1995)
Synthesis, structure, and properties of $Ln_4Ni_3O_{10-\delta}$ (Ln=La, Pr, and Nd)

10 G.K. Williamson et al., Acta Met.1, 22-31, (1953)
X-ray line broadening from field aluminium and wolfram

11 M.L. Fontaine, Journal of Power Sources 156 (1), 33-38, (2006)
Composition and porosity graded $La_2NiO_{4+\delta}$ ($x \geq 0$) interlayers for SOFC: Control of the microstructure via a sol-gel process

12 E. Boehm, Thèse de Doctorat de l'Université Bordeaux I, France (2002)
Les nickelates $A_2MO_{4+\delta}$, nouveaux matériaux de cathode pour piles à combustible SOFC moyenne température

13 H.E. Höfer et al., Journal of electrochemical society 140 (10), 2889-2894, (1993)
Crystal chemistry and thermal behavior in the lanthanum chromium nickel oxide [La(Cr,Ni)O3] perovskite system.

14 I. Zhitomirsky et al., Journal of the European Ceramic Society 20, 2055-2061, (2000)
Electrophoretic deposition of ceramic materials for fuel cell applications

15 L.P. Meier et al., Journal of the European Ceramic Society 24, 3753–3758, (2004)
Tape casting of nanocrystalline ceria gadolinia powder

16 Yuping et al. Journal of the European Ceramic Society 20, 1691-1697, (2000)
Tape casting of aqueous Al₂O₃ slurries

17 Y.-P. Zeng et al., Journal of the European Ceramic Society 24, 253–258, (2004)
Tape casting of PLZST tapes via aqueous slurries

18 Z. Jingxian et al., Journal of the European Ceramic Society 24, 147–155, (2004)
Binary solvent mixture for tape casting of TiO₂ sheets

19 T. Chartier et al., Journal of the European Ceramic Society 17, 765-771, (1997)
Tape casting using UV curable binders

20 Michel W. Murphy el al. J. Am. Ceram. Soc., 80 (1), 165-70, (1997)
Tape Casting of Lanthanum Chromite

21 R. Moreno, American Ceramic Society Bulletin 71 (10), 1521-1531, (1992)
The Role of Slip Additives in Tape-Casting Technology: Part I- Solvents and Dispersants

22 R. Moreno, American Ceramic Society Bulletin 71 (11), 1647-1657, (1992)
The Role of Slip Additives in Tape-Casting Technology: Part II- Binders and Plasticizers

23 T. Chartier et al, Journal of the European Ceramic Society 15, 101-107, (1995)
Laminar Ceramic Composites

24 C. Monterrubio-Badillo et al., Surface & Coatings Technology 200, 3743–3756, (2006)
Preparation of LaMnO3 perovskite thin films by suspension plasma spaying for SOFC cathodes

25 M. Radovic, et al. Acta Materialia 52, 5747–5756, (2004)
Mechanical properties of tape cast nickel-based anode materials for solid oxide fuel cells before an after reuction in hydrogen

26 K. Yamahara et al., Solid State Ionics 176, 451–456, (2005)
Catalyst-infiltrated supporting cathode for thin-film SOFCs

27 J.-H. Kim et al., Journal of Power Sources 122 (2), 138–143, (2003)
Fabrication and characteristics of anode-supported flat-tube solid oxide fuel cell

28 S. Vallar, Journal of the European Ceramic Society 19 (6-7), 1017-1021, (1999)
Oxide slurries stability and powders dispersion: optimization with zeta potential and rheological measurements

29 A. Navarro et al., Journal of the European Ceramic Society 24(6), 1073–1076, (2004)
Aqueous colloidal processing and green sheet properties of lead zirconate titanate (PZT) ceramics made by tape casting

30 S. Castillo et al., Mater. Res. Bull. 42, 2125-2131, (2007)
Influence of the processing parameters of slurries for the deposit of nickelate thick films

31 M. Gaudon, Thèse de Doctorat de l'Université Toulouse III, France (2002)
Elaboration par procédé sol-gel et caractérisation de films d'oxydes La$_{1-x}$Sr$_x$MnO$_{3+\delta}$ et ZrO$_2$-8%Y$_2$O$_3$, Applications aux piles à combustible à oxyde solide (SOFC).

32 F. Ansart et al., Contrat ARMANASOL 04740037 Rapport intermédiaire n°1, – confidentiel-, France (2007)
Architecture de matériaux actifs nanostructurés élaborée par procédé sol-gel pour SOFC

33 S. F. Corbin, J. Am. Ceram. Soc., 82 (7), 1693-1701, (1999)
Engineered porosity via tape casting, lamination and the percolation of pyrolyzable particulates

Chapitre III

Mise en forme et caractérisations électrochimiques de demi-cellules cathodiques architecturées

Des travaux ont montré l'influence du rapport La/Ni sur la conductivité de la cathode [1] ; nous disposons de matériaux qui correspondent à trois valeurs différentes de ce rapport (4/3, 1,98, 2) avec lesquels nous avons élaboré des revêtements homogènes et sans fissuration d'épaisseur 6 à 8 microns sur substrat YSZ.

Les matériaux dont nous disposons sont combinés pour préparer des couches épaisses architecturées, avec ou sans dépôt interfacial mince au contact de l'électrolyte. Ces revêtements ont été caractérisés par diffraction de rayons X, micrographie MEB et par des tests d'adhérence pour évaluer la demi-cellule cathode/électrolyte. La caractérisation électrochimique, par mesures d'impédance et de résistance surfacique des architectures retenues, a permis de déterminer les performances de ces matériaux comme cathodes de pile SOFC.

III.1 Mise en forme et caractérisation de demi-cellules cathodiques architecturées

Les paramètres qui jouent un rôle dans la mise en forme des couches architecturées sont la nature des matériaux, l'ordre d'empilement et l'épaisseur des dépôts.

Parmi les trois matériaux disponibles ($La_{1.98}NiO_{4+\delta}$, $La_2NiO_{4+\delta}$ et $La_4Ni_3O_{10}$) nous limitons notre choix à deux d'entre eux, un de la famille La_2 et un de la famille La_4, car $La_{1.98}NiO_{4+\delta}$ et $La_2NiO_{4+\delta}$ présentent des comportements et propriétés similaires.

$La_{1.98}NiO_{4+\delta}$ a été privilégié par rapport à $La_2NiO_{4+\delta}$ d'après des travaux sur les phases de Ruddlesden-Popper $A_2MO_{4+\delta}$ qui ont montré qu'une sous-stœchiométrie en cations des sites "A" favorisait les réactions de transport dans les oxydes $Ln_{2-x}NiO_{4+\delta}$ [1, 2].

$La_4Ni_3O_{10}$ est un matériau de cathode potentiel dont les propriétés de conductivité électrique à température ambiante ont été soulignées dans la littérature [3, 4, 5, 6] et que nous avons choisi de mettre en œuvre.

Nous avons déposé sur le substrat YSZ, alternativement l'un et l'autre des deux matériaux choisis, afin de tester la faisabilité des différentes architectures possibles. Afin d'améliorer le contact entre la couche épaisse et le substrat, nous avons étudié en parallèle l'influence du dépôt préalable d'une couche interfaciale.

L'épaisseur de revêtement à atteindre, fixée autour de 10 μm, conditionne le nombre de dépôts à réaliser avec chaque matériau.

III.1.1 Couches architecturées

Les systèmes élaborés sont représentés selon l'écriture symbolique des demi-cellules symétriques :

- $La_{1.98}NiO_{4+\delta}$ /$La_4Ni_3O_{10}$ /YSZ / $La_4Ni_3O_{10}$ / $La_{1.98}NiO_{4+\delta}$
- $La_4Ni_3O_{10}$ /$La_{1.98}NiO_{4+\delta}$ /$La_{1.98}NiO_{4+\delta}$ /YSZ/ $La_{1.98}NiO_{4+\delta}$ /$La_{1.98}NiO_{4+\delta}$ / $La_4Ni_3O_{10}$

Le protocole de traitement thermique des revêtements, défini au chapitre II, comporte pour les premier et deuxième dépôts un pré-traitement à 500 °C et une calcination à 1000 °C pendant 2 heures après le dernier dépôt.

A l'issue du traitement thermique, les deux types d'architectures sont d'aspect homogène et sans fissuration apparente.

Caractérisation structurale par diffraction de rayons X

Pour les deux architectures que nous avons caractérisées par diffraction de rayons X, la présence des phases $La_{1.98}NiO_{4+\delta}$ (ou $La_2NiO_{4+\delta}$) et $La_4Ni_3O_{10}$ est avérée. Les diffractogrammes obtenus dans les deux cas étant identiques, un seul est présenté sur la figure III.1

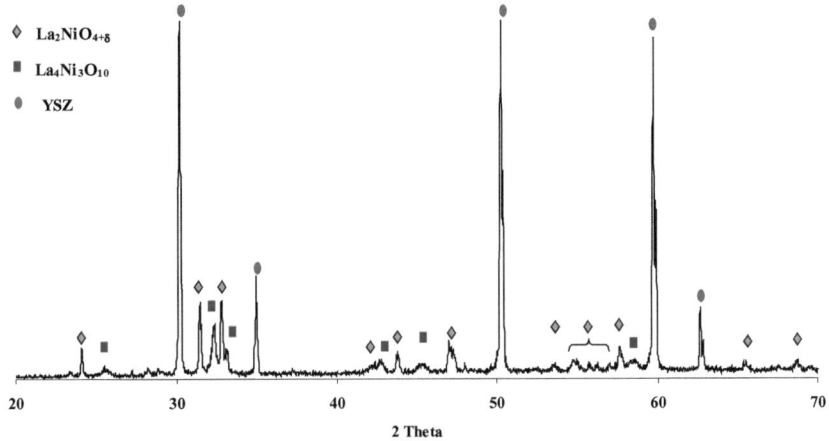

Figure III.1 Diffractogramme de rayons X des couches architecturées de $La_4Ni_3O_{10}$ et $La_{1.98}NiO_{4+\delta}$ sur substrat YSZ

Caractérisation microstructurale par microscopie électronique à balayage

Les figures III.2 et III.3 présentent chacune, à la fois le schéma d'empilement et les micrographies de la surface et de la section transversale des deux échantillons réalisés.

- Pour l'architecture YSZ / $La_4Ni_3O_{10}$ / $La_{1.98}NiO_{4+\delta}$ nous observons la répartition des grains sphériques en surface (figure III.2a) et des grains de forme bâtonnet caractéristiques de $La_4Ni_3O_{10}$ au cœur de la couche (figure III.2b). Ces morphologies de grains ne sont pas différentes de celles qui ont été observées dans les deux familles de matériaux prises indépendamment, sous forme de poudres ou dans les revêtements homogènes.

- Dans l'architecture YSZ/ $La_{1.98}NiO_{4+\delta}$ / $La_4Ni_3O_{10}$ les grains de type bâtonnet sont à la surface (figure III.3a) et dans la section transversale, on note successivement la présence de grains sphériques au contact de l'électrolyte et de bâtonnets vers l'interface cathode/air (figure III.3b).

Dans ces empilements, l'interface est très intime entre les deux populations granulaires, malgré les deux morphologies différentes ; il n'apparaît pas, sur les sections transversales, de démarcation nette entre les différents dépôts (figure III.2b et III.3b). La séparation indiquée schématiquement sur la figure est liée aux mesures d'épaisseur des revêtements homogènes de référence ; celles-ci ont été utilisées pour calculer les valeurs qui apparaissent dans les tableaux III.1 et III.2.

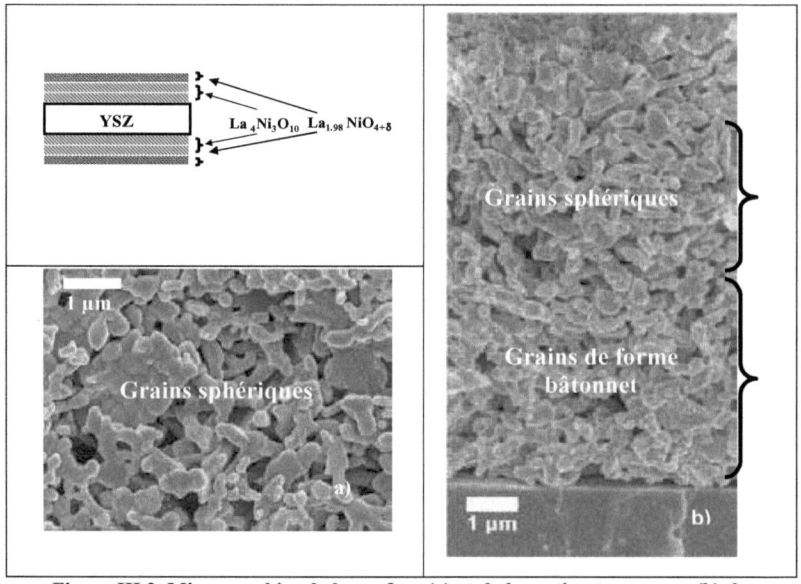

Figure III.2 Micrographies de la surface (a) et de la section transverse (b) du revêtement architecturé: YSZ / $La_4Ni_3O_{10}$ / $La_{1.98}NiO_{4+\delta}$

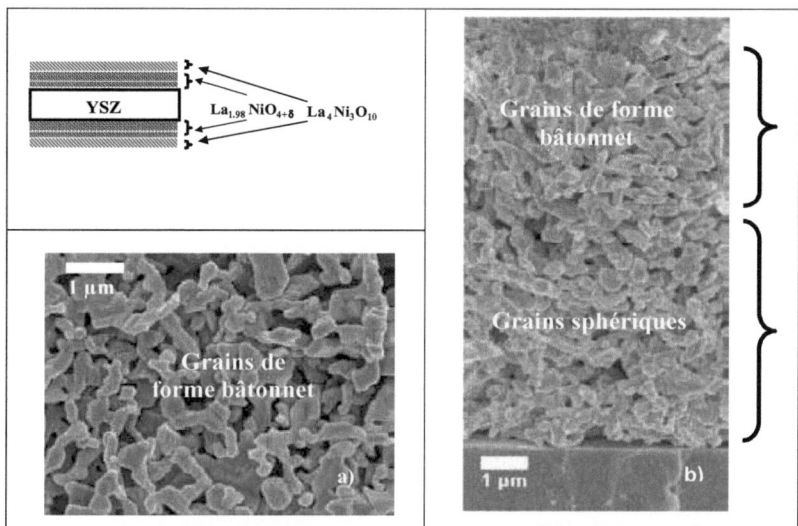

Figure III.3 Micrographies de la surface (a) et de la section transverse (b) du revêtement architecturé : YSZ/ $La_{1.98}NiO_{4+\delta}$ (deux dépôts)/ $La_4Ni_3O_{10}$

Les micrographies montrent une différence entre les deux échantillons : quand $La_{1.98}NiO_{4+\delta}$ est en surface on observe des grains sphériques, caractéristiques de la poudre, avec des zones de frittages plus marquées (figures III.2a). Au contraire, lorsque $La_4Ni_3O_{10}$ est en surface, les grains de type bâtonnet apparaissent peu frittés (figure III.3a), en accord avec l'aptitude au frittage moins importante des poudres $La_4Ni_3O_{10}$, comme nous l'avons souligné précédemment. Ceci est à relier également avec la difficulté que nous avons rencontrée, de préparer un échantillon dense de $La_4Ni_3O_{10}$, même par une méthode non conventionnelle (essais de frittage par SPS).

Les micrographies montrent l'existence d'une importante porosité ouverte et interconnectée, ce qui est une caractéristique favorable pour la circulation et la réduction de l'oxygène dans la cathode.

Tableau III.1 Caractérisation des revêtements architecturés		
Empilement	**Epaisseur * totale (µm)**	**Taille de grain (µm)**
YSZ / $La_4Ni_3O_{10}$ / $La_{1.98}NiO_{4+\delta}$	7 (± 2)	0,3 (±0,1) $La_{1.98}NiO_{4+\delta}$
YSZ/ $La_{1.98}NiO_{4+\delta}$ (deux dépôts)/ $La_4Ni_3O_{10}$	8 (± 3)	0,5 (±0,2) x 0,20 (±0,03) $La_4Ni_3O_{10}$

* Note : Les incertitudes sur les épaisseurs prennent en compte l'inclinaison due à la coupe des échantillons et à leur positionnement sur le support d'observation au MEB.

Ces résultats montrent qu'un nombre limité de dépôts (2 à 3) permet d'atteindre une épaisseur de l'ordre de 10 microns, qui est conforme au cahier des charges.

Test d'adhérence

Ne disposant pas d'un dispositif de nanoscratch test, nous avons d'abord effectué des tests d'adhérence par micro-rayage sur les couches de référence, qui ont montré que cette méthode était très sévère pour nos revêtements. Nous avons donc procédé à un test d'adhérence moins destructif à l'aide d'un ruban adhésif normalisé (NF-A91-102 ou NFT 30-038) ; ce test a seulement une valeur qualitative et comparative, le ruban adhésif n'étant pas adapté aux matériaux de type céramique. La figure III.4 présente un essai effectué sur un revêtement architecturé comportant $La_{1.98}NiO_{4+\delta}$ en surface. Le test est effectué en appliquant fortement le ruban adhésif à la surface de l'échantillon et en observant la trace laissée par l'arrachement de l'adhésif.

 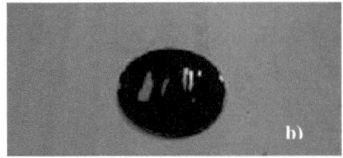

Figure III.4 Test d'adhérence (ruban adhésif normalisé) sur revêtement architecturé
YSZ / $La_4Ni_3O_{10}$ / $La_{1.98}NiO_{4+\delta}$
Surface de l'échantillon : avant pose de l'adhésif (a) et après arrachement (b)

Comme le montre la figure III.4b, le ruban adhésif a partiellement arraché le revêtement puisque l'on aperçoit le substrat YSZ de couleur claire sur une partie de la zone testée. Nous devons donc envisager d'améliorer l'ancrage de la couche sur le substrat, soit en augmentant la température de traitement thermique, soit en introduisant une couche interfaciale qui favoriserait les ponts de connexions au niveau de cette interface cathode/électrolyte.

III.1.2 Revêtements avec couche mince interfaciale

Afin d'établir un contact plus intime à l'interface cathode/électrolyte, un premier dépôt a été réalisé par immersion du substrat YSZ dans le sol, suivi d'un traitement thermique. La présence d'une couche mince (CM), formée de grains finement divisés [1], revient à augmenter fortement la surface électrochimique active en contact avec l'électrolyte. Ce dépôt a été réalisé à partir d'un sol précurseur de $La_{1.98}NiO_{4+\delta}$. Les empilements suivants ont été préparés :

- YSZ/ La$_{1.98}$NiO$_{4+\delta}$ (CM) / La$_4$Ni$_3$O$_{10}$/ La$_{1.98}$NiO$_{4+\delta}$
- YSZ/ La$_{1.98}$NiO$_{4+\delta}$ (CM) / La$_{1.98}$NiO$_{4+\delta}$ (deux dépôts)/ La$_4$Ni$_3$O$_{10}$

Caractérisation structurale par diffraction de rayons X

Pour les deux architectures, le même diffractogramme de rayons X est obtenu ; il est présenté sur la figure III.5. Seules les phases pures de YSZ, La$_{1.98}$NiO$_{4+\delta}$ et La$_4$Ni$_3$O$_{10}$ sont présentes. Le traitement thermique à 1000 °C pendant 2 heures n'a pas induit la formation de phases parasites à l'interface cathode-électrolyte.

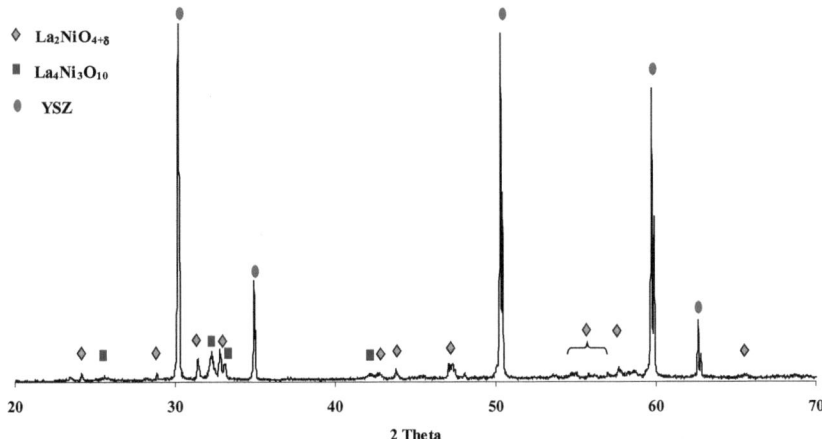

Figure III.5 Diffractogrammes de rayons X du revêtement : couche mince + couche architecturée YSZ/ La$_{1.98}$NiO$_{4+\delta}$ (CM) / La$_{1.98}$NiO$_{4+\delta}$ (deux dépôts)/ La$_4$Ni$_3$O$_{10}$

Caractérisation microstructurale par microscopie électronique à balayage

Un schéma de l'empilement associé aux micrographies de la surface et de la section transversale est représenté sur les figures III.6 et III.7 pour chaque architecture. (remarque : sur la section transversale apparaît aussi une partie de la surface ; ceci est dû à l'inclinaison de l'échantillon lors de l'analyse micrographique).

La couche mince interfaciale est constituée d'un seul empilement de petits grains sphériques plus ou moins jointifs, de taille voisine de 130 nm, ce qui est conforme aux résultats obtenus dans le cadre de travaux antérieurs [1, 7]. Sur la couche mince, se superposent les revêtements de La$_{1.98}$NiO$_{4+\delta}$ et La$_4$Ni$_3$O$_{10}$ constitués de grains de taille plus importante, empilés sur plusieurs niveaux sans orientation préférentielle. Les réseaux poreux et solide sont toujours parfaitement interconnectés. La taille des grains est reportée dans le tableau III.1.

Les épaisseurs des dépôts architecturés avec couche mince interfaciale sont données dans le tableau III.2

Tableau III.2 Epaisseur des revêtements architecturés avec couche mince interfaciale	
Échantillons	**μm (±)**
YSZ/ La$_{1.98}$NiO$_{4+\delta}$ (CM) / La$_4$Ni$_3$O$_{10}$ (un dépôt)/ La$_{1.98}$NiO$_{4+\delta}$	8 (2)
YSZ/ La$_{1.98}$NiO$_{4+\delta}$ (CM) / La$_{1.98}$NiO$_{4+\delta}$ (deux dépôts)/ La$_4$Ni$_3$O$_{10}$	9 (3)

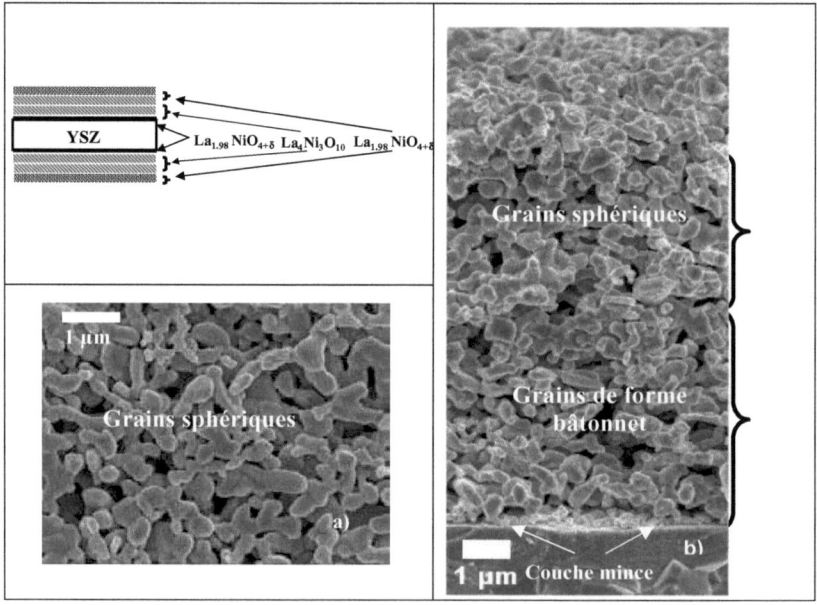

Figure III.6 Micrographies de la surface (a) et de la section transverse (b) du revêtement architecturé avec couche mince interfaciale :

YSZ/ La$_{1.98}$NiO$_{4+\delta}$ (CM) / La$_4$Ni$_3$O$_{10}$ / La$_{1.98}$NiO$_{4+\delta}$,

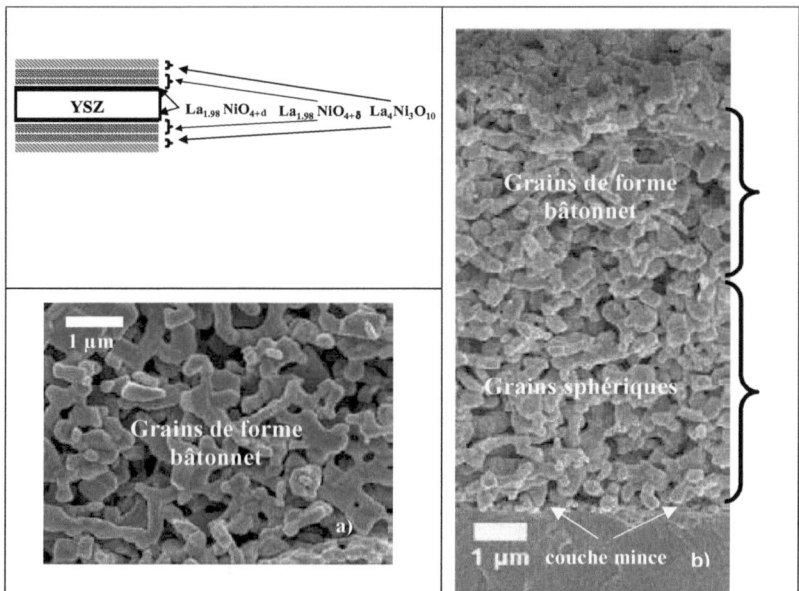

Figure III.7 Micrographies de la surface (a) et de la section transverse (b) du revêtement architecturé avec couche mince interfaciale : YSZ/ La$_{1.98}$NiO$_{4+\delta}$ (CM) / La$_{1.98}$NiO$_{4+\delta}$ (deux dépôts)/ La$_4$Ni$_3$O$_{10}$,

Test d'adhérence

La figure III.8 présente les résultats du test d'adhérence par ruban adhésif normalisé sur le revêtement architecturé avec couche mince interfaciale.

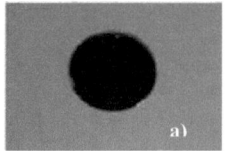 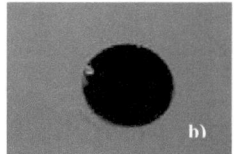

Figure III.8 Test d'adhérence (ruban adhésif normalisé) sur revêtement architecturé avec couche mince : YSZ / La$_{1.98}$NiO$_{4+\delta}$ (CM)/La$_4$Ni$_3$O$_{10}$ / La$_{1.98}$NiO$_{4+\delta}$

Surface de l'échantillon : avant pose de l'adhésif (a) et après arrachement (b)

Ce test qualitatif montre que le revêtement architecturé avec couche mince est plus adhérent sur le substrat que le même revêtement sans couche mince. Toutefois, un test par frottement de la surface avec une feuille de papier présente encore des traces noires sur la feuille, ce qui témoigne de la fragilité de la couche céramique.

Afin de déterminer l'origine de cette fragilité, nous revenons sur la composition de la suspension et les étapes qui aboutissent à la formation de la couche. Au cours du trempage-retrait, le solvant est en partie éliminé par évaporation et les additifs organiques de la suspension (dispersant, liant, plastifiant) sont éliminés lors du traitement thermique intermédiaire. Solvant et additifs cessent donc d'occuper un volume dans le revêtement après calcination [9], ce qui crée une porosité qui contribue à le fragiliser. Pour prendre en compte la contribution des différents constituants de la suspension, nous avons calculé leurs volumes respectifs qui sont reportés dans le tableau III.3.

Tableau III.3 Composition de la suspension (% volumique)				
Constituant	$La_{2-x}NiO_{4+\delta}$ (X=0. 0,2)		$La_4Ni_3O_{10}$	
	Suspension	Dépôt sec	Suspension	Dépôt sec
Solvant (MEK/EtOH)	80		81	
Matériau actif	9	46	9	48
Liant (PVB)	7	36	7	38
Dispersant (C213)	2	12	1	6
Plastifiant (Dioctyl phtalate)	1	7	1	7

Nous remarquons que le dépôt sec (après évaporation du solvant) est constitué à plus de 50% de composés organiques qui sont éliminés lors du traitement thermique, ce qui explique la forte porosité et la relative fragilité de la couche.

Sur la base des résultats précédents, nous avons essayé de renforcer la microstructure du revêtement. Pour cela nous avons choisi d'augmenter la température de calcination afin de favoriser un frittage plus avancé en augmentant les liaisons métal-oxygène entre les grains et à l'interface. Toutefois, afin d'éviter la décomposition de la phase $La_4Ni_3O_{10}$ qui survient entre 1196 °C et 1210 °C [8, 9], nous avons fixé cette nouvelle température à 1150 °C.

III.1.3 Calcination à 1150 °C et caractérisation des revêtements

Nous avons élaboré des couches homogènes (de référence) en déposant un seul des trois matériaux ($La_{1.98}NiO_{4+\delta}$, $La_2NiO_{4+\delta}$ et $La_4Ni_3O_{10}$) sur le substrat, puis des revêtements architecturés avec et sans couche mince, enfin un revêtement que nous appellerons ''composite'', obtenu en mélangeant les matériaux de référence dans des proportions choisies.

Le nouveau cahier des charges reprend les conditions fixées précédemment, à savoir :

- épaisseur du revêtement de l'ordre de 10 µm
- protocole de traitement thermique identique à celui qui a été décrit précédemment, mais avec l'étape de frittage à 1150 °C, maintenue 2 heures

III.1.3.1 Couches de référence

Caractérisation structurale par diffraction de rayons X

Après calcination à 1150 °C, les diffractogrammes de rayons X sont enregistrés pour les différents revêtements. Les phases $La_{1.98}NiO_{4+\delta}$ et $La_2NiO_{4+\delta}$ sont représentées par le même diffractogramme (figure III.9) ; le diffractogramme de la phase $La_4Ni_3O_{10}$ est représenté sur la figure III.10.

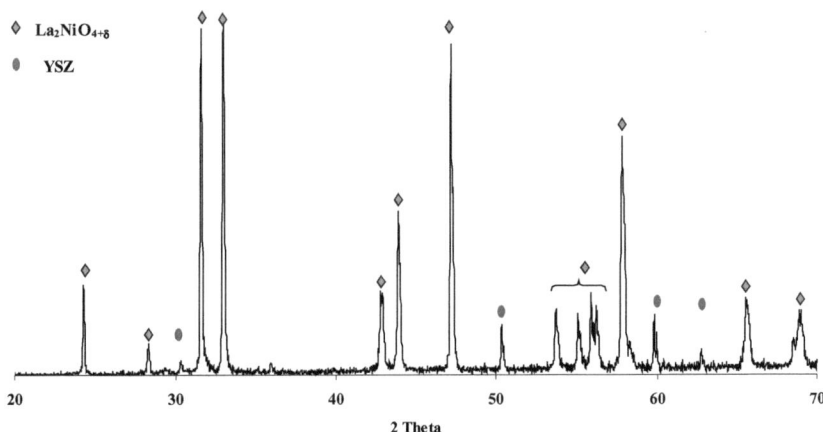

Figure III.9 Diffractogramme de rayons X du revêtement $La_2NiO_{4+\delta}$ sur YSZ

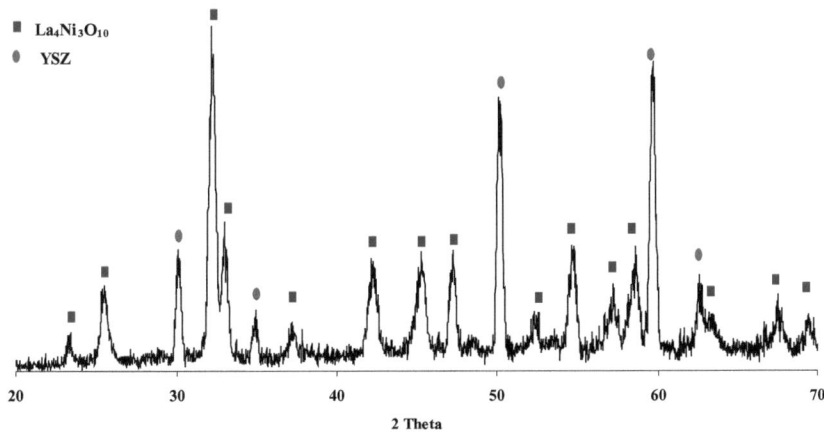

Figure III.10 Diffractogramme de rayons X du revêtement $La_4Ni_3O_{10}$ sur YSZ

Caractérisation microstructurale par microscopie électronique à balayage

Les micrographies des revêtements de référence traités thermiquement à 1150 °C sont présentées sur les figures III.11 (La$_{1.98}$NiO$_{4+\delta}$), III.12 (La$_2$NiO$_{4+\delta}$) et III.13 (La$_4$Ni$_3$O$_{10}$) :

Dans tous les cas, les revêtements sont homogènes, sans fissuration et le frittage des grains est plus important qu'à 1000 °C. On constate qualitativement, par frottement de la surface avec du papier, que les couches ne laissent plus de traces, c'est-à-dire que leur tenue mécanique a augmenté par rapport aux revêtements traités à 1000 °C.

Nous avons déterminé l'épaisseur totale, l'épaisseur par dépôt et la taille de grain de chaque échantillon ; ces valeurs sont reportées dans le tableau III.4 ci-dessous :

Tableau III.4 Epaisseur des couches de référence traitées à 1150 °C (µm)		
Composé	Epaisseur totale	Taille de grain
La$_{1.98}$NiO$_{4+\delta}$	10 (±3)	0,6 (±0,1)
La$_2$NiO$_{4+\delta}$	6 (±2)	0,6 (±0,1)
La$_4$Ni$_3$O$_{10}$	6 (±2)	0,9 (±0,1) x 0,3 (±0,1)

Les épaisseurs sont de l'ordre de celles définies dans le cahier des charges (environ 10 µm). La taille des grains a fortement augmenté puisqu'elle est environ 2 fois plus grande que celle qui avait été mesurée pour ces matériaux traités à 1000 °C ; ce qui atteste d'une croissance granulaire significative pendant le nouveau protocole de frittage.

Sur les figures III.11 et III.12, la couche élaborée à partir des matériaux La$_{1.98}$NiO$_{4+\delta}$ et La$_2$NiO$_{4+\delta}$ respectivement, montre le frittage important des grains et la formation de plaques. Dans la section transversale nous présentons une juxtaposition de micrographies à fort grossissement afin de mettre en évidence le frittage et l'augmentation de la taille des grains, ainsi que les "ponts" qui assurent l'ancrage de la couche sur le substrat.

La figure III.13.a correspond à la surface de la couche de référence La$_4$Ni$_3$O$_{10}$ qui permet d'observer l'homogénéité du revêtement et l'absence de fissurations. On note le frittage important des grains et la diminution du nombre de pores débouchant à la surface, cependant la porosité semble rester interconnectée dans l'épaisseur du revêtement (figure III.13b). La taille de grain a augmenté d'un facteur deux lorsque la température de traitement thermique a augmenté de 1000 à 1150 °C.

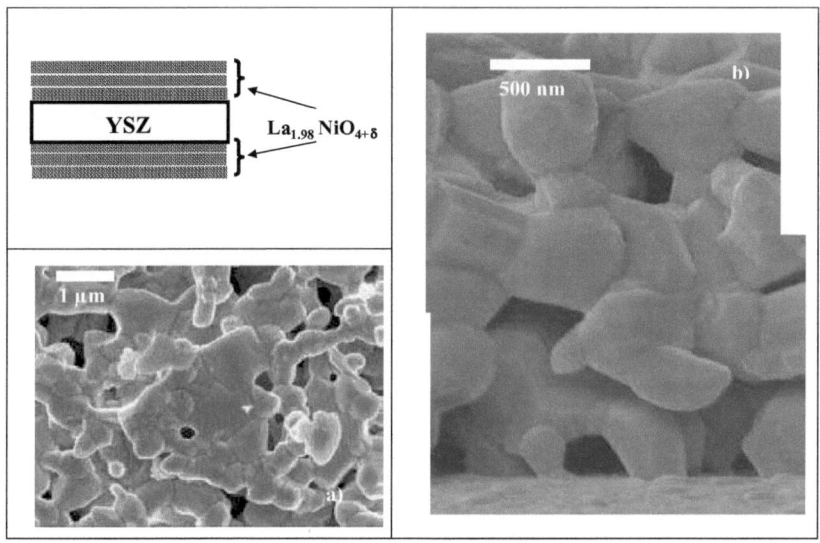

Figure III.11 La$_{1.98}$NiO$_{4+\delta}$, micrographies de la surface (a) et de la section transversale (b)

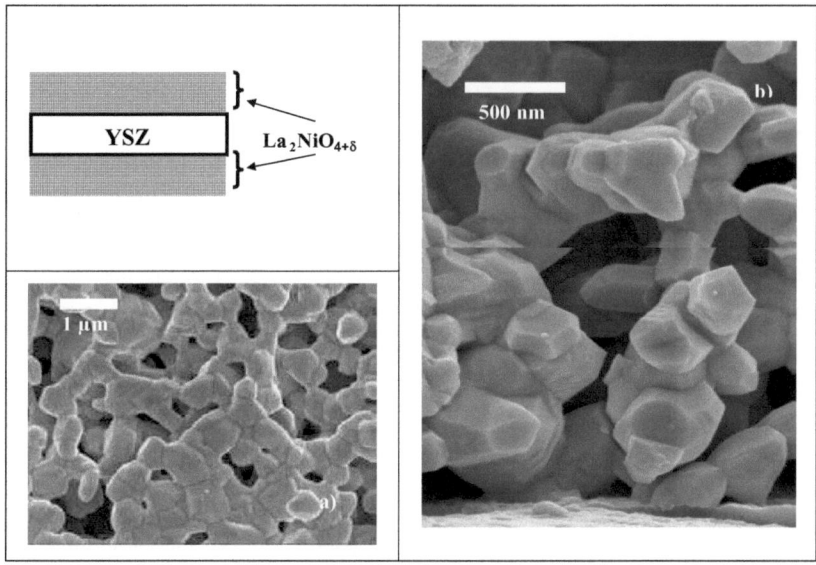

Figure III.12 La$_2$NiO$_{4+\delta}$, micrographies de la surface (a) et de la section transversale (b)

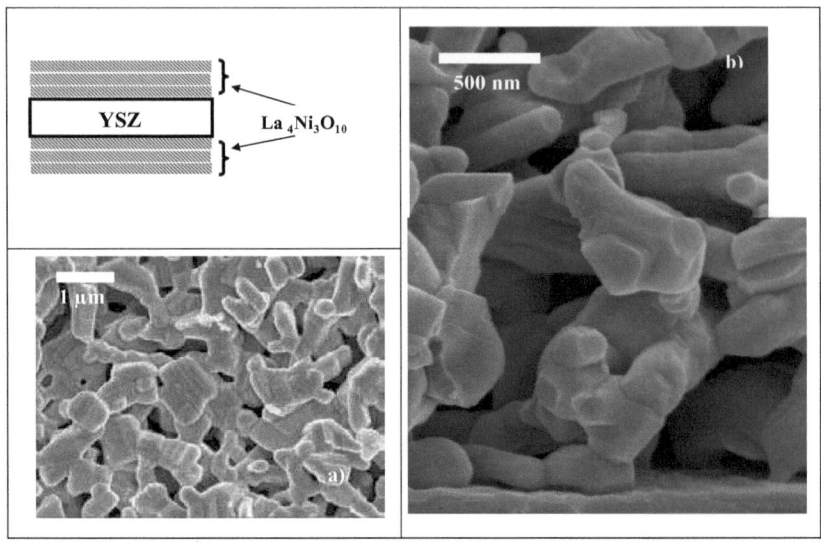

Figure III.13 La$_4$Ni$_3$O$_{10}$, micrographies de la surface (a) et de la section transversale (b)

Test d'adhérence

Les figures III.14 et III.15 présentent les micrographies des 2 échantillons de référence La$_{1.98}$NiO$_{4+\delta}$ et La$_4$Ni$_3$O$_{10}$ calcinés à 1150 °C (La$_2$NiO$_{4+\delta}$, similaire à La$_{1.98}$NiO$_{4+\delta}$ n'est pas montré ici) et soumis au test d'adhérence par ruban adhésif normalisé. Les revêtements de La$_2$NiO$_{4+\delta}$ et La$_4$Ni$_3$O$_{10}$ sont adhérents, le revêtement n'étant pas arraché comme le montre la figure III.14. Il n'en est pas de même avec le revêtement de La$_{1.98}$NiO$_{4+\delta}$ qui s'est détaché presque totalement du substrat lors de l'arrachement du ruban adhésif (figure III.15). Cet arrachement peut être dû à des effets de bord, plus importants pour la demi-pastille que pour la pastille entière, la section diamétrale n'ayant pas été polie avant le dépôt du revêtement.

Figure III.14 Test d'adhérence (ruban adhésif normalisé) sur revêtement La$_4$Ni$_3$O$_{10}$
Surface de l'échantillon : avant pose de l'adhésif (a) et après arrachement (b)

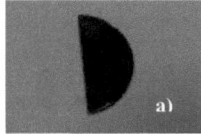 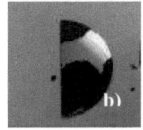

Figure III.15 Test d'adhérence (ruban adhésif normalisé) sur revêtement La$_{1.98}$NiO$_{4+\delta}$

Surface de l'échantillon : avant pose de l'adhésif (a) et après arrachement (b)

III.1.3.2 Revêtements architecturés

Les revêtements architecturés combinent les dépôts de deux matériaux. Le choix de l'empilement, justifié précédemment, repose sur les caractéristiques de transport de chaque matériau. La$_4$Ni$_3$O$_{10}$, qui a les meilleures propriétés de conduction électronique, est placé à la surface pour être en contact avec l'interconnecteur et faciliter le collectage des électrons.

La$_2$NiO$_{4+\delta}$, qui a de bonnes propriétés de conduction ionique, est placé au contact de l'électrolyte.

La$_{1.98}$NiO$_{4+\delta}$ est déposé aussi en contact avec l'électrolyte en se basant sur l'étude menée sur Nd$_{2-x}$NiO$_{4+\delta}$ [2, 10], qui a montré que la sous-stœchiométrie en lanthanide favorisait la conduction ionique.

Les deux arrangements suivants ont été étudiés :

- YSZ (électrolyte) / La$_{1.98}$NiO$_{4+\delta}$ (3 dépôts) /La$_4$Ni$_3$O$_{10}$
- YSZ (électrolyte) / La$_2$NiO$_{4+\delta}$ (2 dépôts) /La$_4$Ni$_3$O$_{10}$.

Caractérisation structurale par diffraction de rayons X

Les analyses par diffraction de rayons X de ces deux échantillons architecturés ont été réalisées ; les diffractogrammes montrent, dans les deux cas, la présence des phases pures La$_{1.98}$NiO$_{4+\delta}$ ou La$_2$NiO$_{4+\delta}$, La$_4$Ni$_3$O$_{10}$ et YSZ (figure III.16).

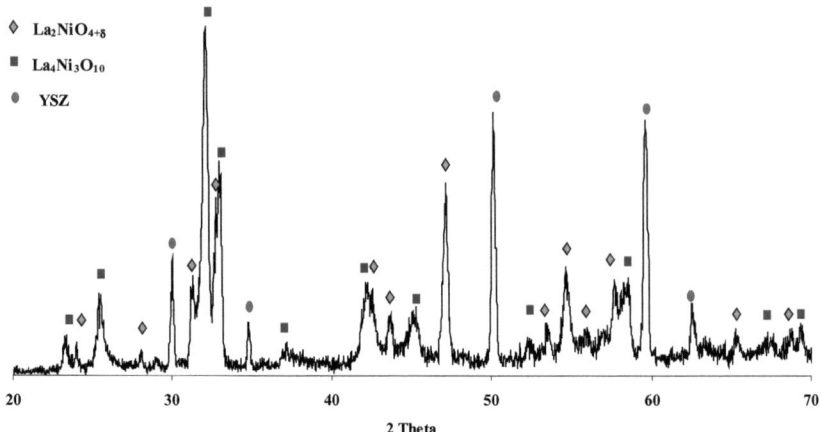

Figure III.16 Diffractogramme de rayons X de la couche architecturée
YSZ (électrolyte) / La$_2$NiO$_{4+\delta}$ (2 dépôts) /La$_4$Ni$_3$O$_{10}$

Caractérisation microstructurale par microscopie électronique à balayage

La microstructure de cette couche est présentée sur les micrographies des figures III.17 et III.18.

Si on compare les micrographies de la surface (La$_4$Ni$_3$O$_{10}$) des couches traitées à 1150 °C avec celles traitées à 1000 °C (figure III.3), on remarque une forte augmentation de taille des grains. Leur surface est environ 3 fois plus grande à 1150 °C. Les figures III.17b et III.18b correspondent à la section transversale des deux architectures sur lesquelles nous observons en particulier les ponts de frittage formés par les grains des matériaux La$_{1.98}$NiO$_{4+\delta}$ (figure III.17b) et La$_2$NiO$_{4+\delta}$ (figureIII.18b) sur l'électrolyte YSZ.

L'épaisseur totale de ces revêtements architecturés est voisine de 10 µm.

Tableau III.5 Caractérisation des revêtements architecturés à 1150 °C		
Empilement	**Epaisseur***	**Taille de grain**
	µm	**µm**
YSZ (électrolyte) / La$_{1.98}$NiO$_{4+\delta}$ (3 dépôts) /La$_4$Ni$_3$O$_{10}$	10 (± 3)	0,6 (±0,1) La$_{1.98}$NiO$_{4+\delta}$
YSZ (électrolyte) / La$_2$NiO$_{4+\delta}$ (2 dépôts) /La$_4$Ni$_3$O$_{10}$	7 (± 2)	0,9 (±0,2) x 0,30 (±0,1) La$_4$Ni$_3$O$_{10}$

* Note : Les incertitudes sur les épaisseurs prennent en compte, l'inclinaison due à la coupe des échantillons et à leur positionnement sur le support d'observation au MEB.

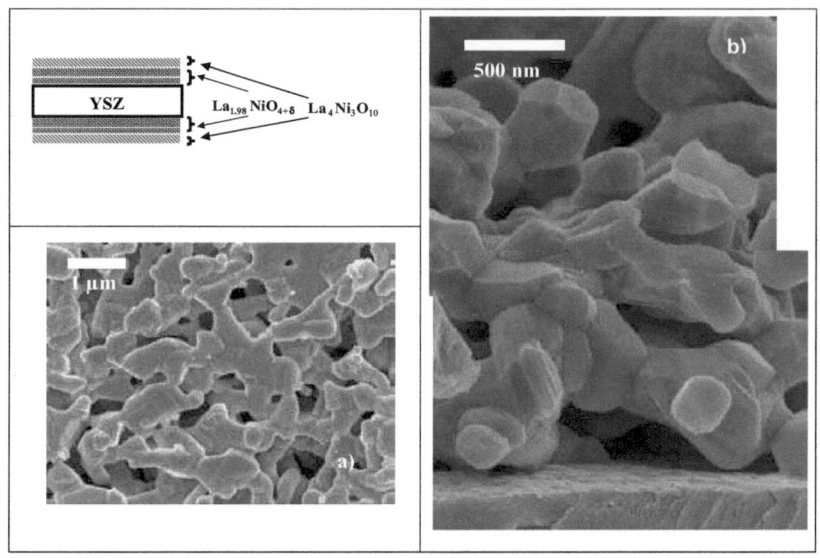

**Figure III.17 Micrographies de la surface (a) et de la section transverse (b) du
revêtement architecturé : YSZ/La$_{1.98}$NiO$_{4+\delta}$ (3 dépôts)/ La$_4$Ni$_3$O$_{10}$**

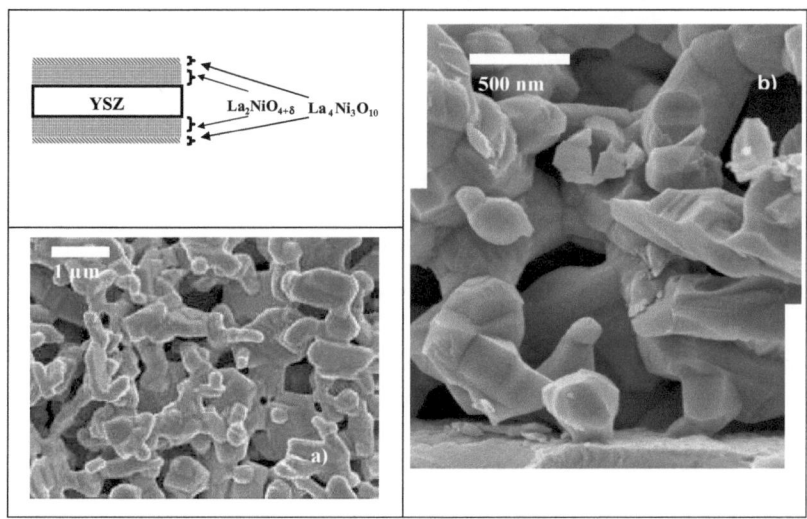

**Figure III.18 Micrographies de la surface (a) et de la section transverse (b) du
revêtement architecturé : YSZ/La$_2$NiO$_{4+\delta}$ (2 dépôts)/ La$_4$Ni$_3$O$_{10}$**

Test d'adhérence

Le test d'adhérence par ruban adhésif normalisé a été réalisé sur les deux échantillons architecturés. Pour le revêtement comportant les dépôts de $La_2NiO_{4+\delta}$ et $La_4Ni_3O_{10}$, on ne constate aucun arrachement ; pour le revêtement constitué par les dépôts de $La_{1.98}NiO_{4+\delta}$ et $La_4Ni_3O_{10}$, on observe un très petit détachement sur le bord de l'échantillon (figure III.19), mais d'une manière générale, l'adhérence des revêtements est nettement meilleure quand la température de calcination est portée de 1000 °C à 1150 °C.

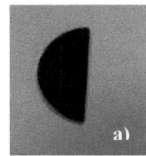 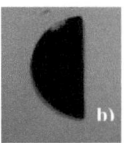

Figure III.19 Test d'adhérence (ruban adhésif normalisé) sur revêtement architecturé
$YSZ/La_{1.98}NiO_{4+\delta}$ (3 dépôts)/ $La_4Ni_3O_{10}$
Surface de l'échantillon : avant pose de l'adhésif (a) et après arrachement (b)

III.1.3.3 Revêtements avec couche mince interfaciale

Les mêmes empilements que ceux qui ont été étudiés dans le paragraphe précédent sont déposés sur un substrat préalablement revêtu d'une couche mince. Celle-ci est obtenue par trempage-retrait dans le sol précurseur de $La_{1.98}NiO_{4+\delta}$ ou $La_2NiO_{4+\delta}$, suivi du traitement thermique appliqué aux couches minces décrit dans le chapitre I.

Après les dépôts successifs traités thermiquement suivant le protocole déjà défini, l'ensemble est calciné à 1150 °C. Les deux échantillons sont représentés par les enchaînements suivants :

- YSZ (électrolyte)/$La_{1.98}NiO_{4+\delta}$ (couche mince)/$La_{1.98}NiO_{4+\delta}$ (3 dépôts)/$La_4Ni_3O_{10}$.
- YSZ (électrolyte)/$La_2NiO_{4+\delta}$ (couche mince)/$La_2NiO_{4+\delta}$ (2 dépôts) /$La_4Ni_3O_{10}$

Caractérisation structurale par diffraction de rayons X

Le diffractogramme reporté sur la figure III.20 est représentatif des deux échantillons que nous avons préparés. Dans les deux cas, seules les phases pures $La_{1.98}NiO_{4+\delta}$, $La_2NiO_{4+\delta}$, $La_4Ni_3O_{10}$ et YSZ sont présentes.

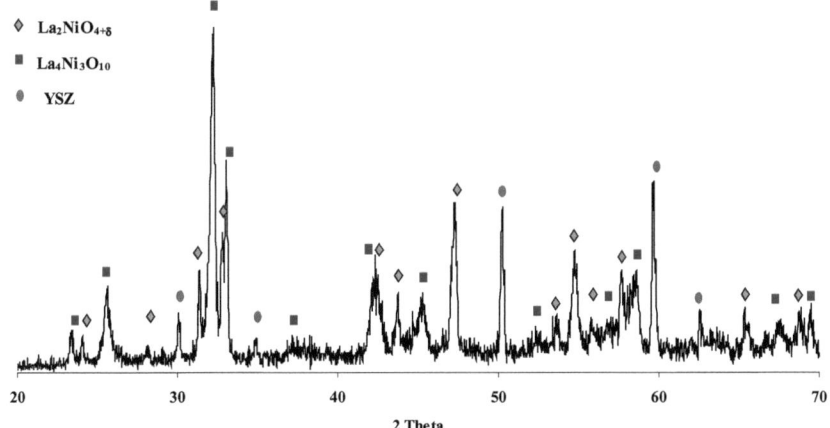

Figure III.20 Diffractogramme de rayons X de revêtement architecturé avec couche
mince interfaciale
YSZ/La$_2$NiO$_{4+\delta}$ (CM)/La$_2$NiO$_{4+\delta}$ /La$_4$Ni$_3$O$_{10}$

Une étude par diffraction de rayons X en fonction de la température a été réalisée à l'Institut
Européen des Membranes (IEM) sur l'échantillon préparé avec La$_2$NiO$_{4+\delta}$ afin d'analyser la
formation éventuelle d'une phase isolante. Pour cela, l'échantillon architecturé a été porté de
la température ambiante à 750 °C, en deux étapes séparées par un refroidissement
intermédiaire. Les diffractogrammes enregistrés au cours du chauffage et du refroidissement,
sont reportés sur les figures III.21 et III.22 pour les deux étapes. Les diffractogrammes
enregistrés à 25°C et à 450°C sont identiques (figure III.21), ce qui montre qu'il n'y a pas eu
de réaction avec l'électrolyte ou même entre les phases de la cathode. Le diffractogramme
enregistré à température ambiante après le chauffage à 750 °C ne montre pas de pics de
diffraction correspondant à la formation d'une phase secondaire isolante (figure III.22).

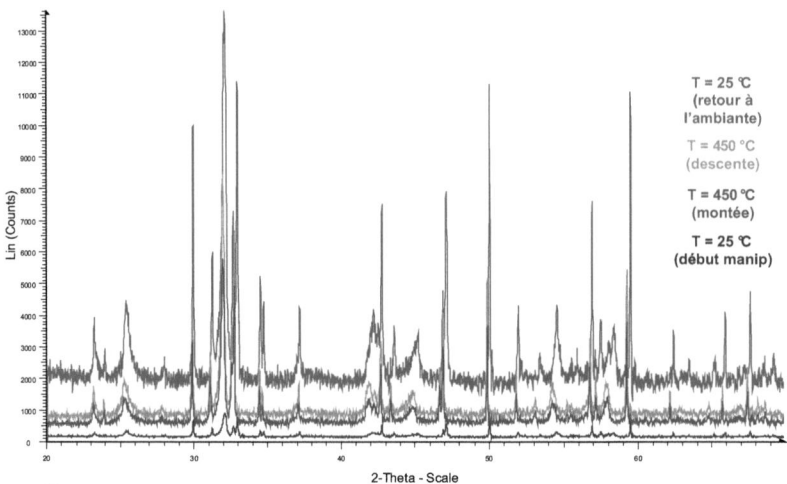

Figure III.21 Diffractogrammes de rayons X en fonction de la température (25°C<T<450 °C)

YSZ (électrolyte)/La$_2$NiO$_{4+\delta}$ (couche mince)/La$_2$NiO$_{4+\delta}$ (2 dépôts)/La$_4$Ni$_3$O$_{10}$

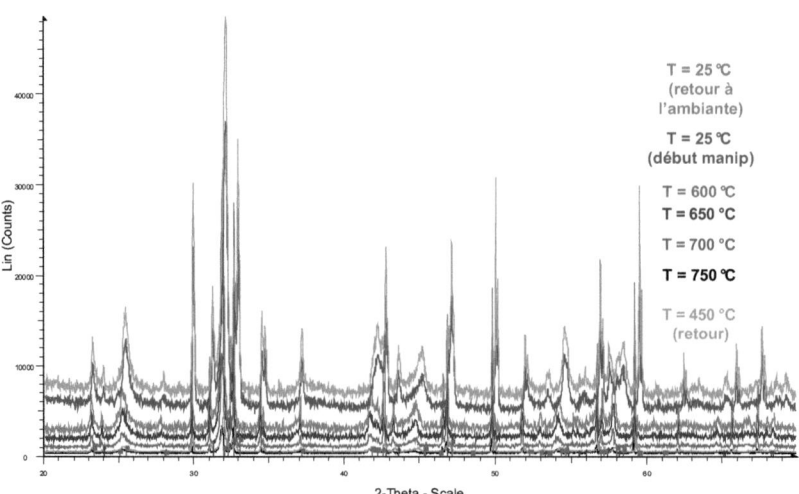

Figure III.22 Diffractogrammes de rayons X en fonction de la température (25°C<T<750 °C)

YSZ (électrolyte)/La$_2$NiO$_{4+\delta}$ (couche mince)/La$_2$NiO$_{4+\delta}$ (2 dépôts)/La$_4$Ni$_3$O$_{10}$

Caractérisation de la microstructure par micrographie MEB

Sur les figures III.23 et III.24, nous notons une microstructure frittée, constituée d'ensembles agrégés, séparés les uns des autres, par de larges espaces correspondant à des pores. Ces microstructures ne paraissent pas montrer une orientation préférentielle.

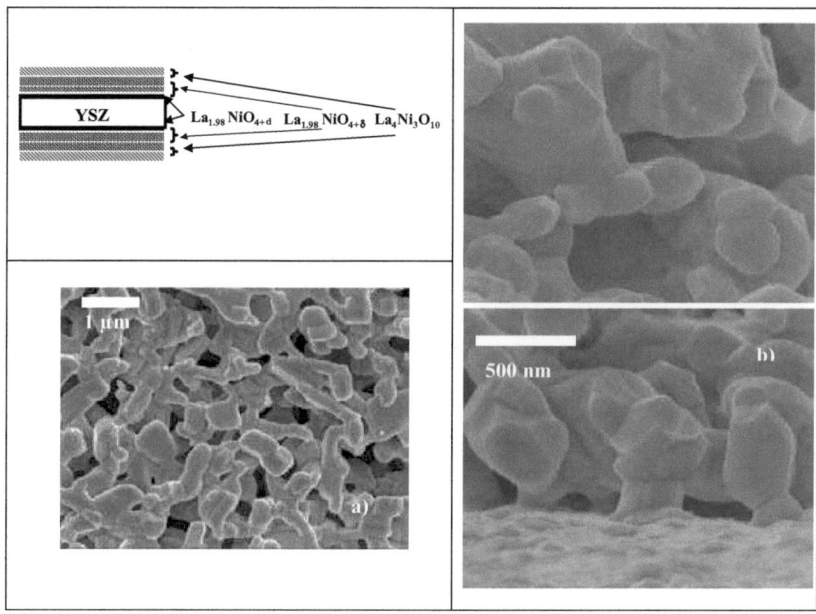

Figure III.23 Micrographies de la surface (a) et de la section transverse (b) du revêtement architecturé : YSZ/La$_{1.98}$NiO$_{4+\delta}$ (CM)/La$_{1.98}$NiO$_{4+\delta}$ /La$_4$Ni$_3$O$_{10}$

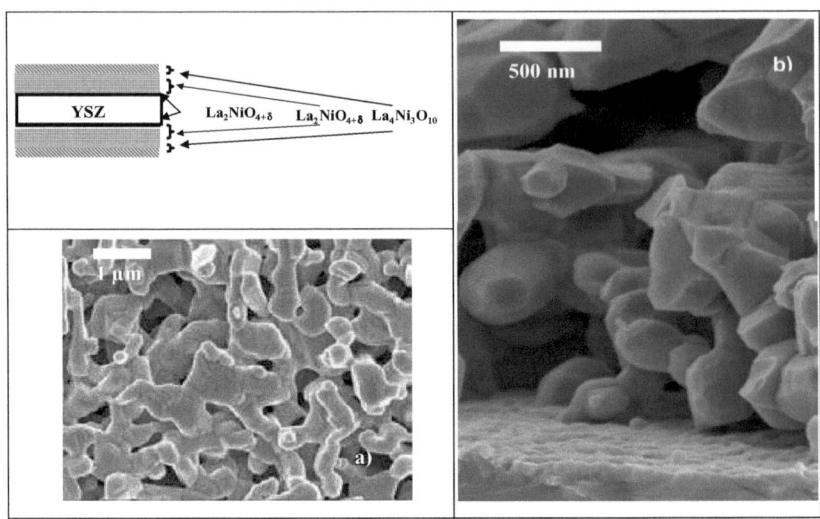

Figure III.24 Micrographies de la surface (a) et de la section transverse (b) du revêtement architecturé : YSZ /La$_2$NiO$_{4+\delta}$(CM) / La$_2$NiO$_{4+\delta}$/La$_4$Ni$_3$O$_{10}$

Les épaisseurs des revêtements architecturés avec couche mince interfaciale sont reportées dans le tableau III.6. Elles sont de l'ordre de 10 µm en accord avec le cahier de charges précédemment fixé.

Tableau III.6 Epaisseur des revêtements architecturés avec couche mince interfaciale	
Échantillons	**Epaisseur (µm)**
YSZ (électrolyte)/La$_{1.98}$NiO$_{4+\delta}$ (couche mince)/La$_{1.98}$NiO$_{4+\delta}$ (3_dépôts)/La$_4$Ni$_3$O$_{10}$	9 (±2)
YSZ (électrolyte)/La$_2$NiO$_{4+\delta}$ (couche mince)/La$_2$NiO$_{4+\delta}$ (2 dépôts) /La$_4$Ni$_3$O$_{10}$	7 (±2)

L'épaisseur de la couche mince de La$_2$NiO$_{4+\delta}$ calcinée à 1150 °C a été déterminée sur la micrographie présentée sur la figure III.25. La couche est continue, d'épaisseur uniforme de l'ordre de 60 nm. Nous rappelons que dans des conditions thermiques moins sévères (1000°C) l'épaisseur de la couche mince La$_{1.98}$NiO$_{4+\delta}$ est de 130 nm.

Figure III.25 Micrographie de la section transverse du revêtement architecturé:
YSZ/La$_2$NiO$_{4+\delta}$ (CM)/La$_2$NiO$_{4+\delta}$ /La$_4$Ni$_3$O$_{10}$ –Détail montrant la couche mince.

Test d'adhérence

La figure III.26 montre un résultat de test d'adhérence par ruban adhésif normalisé effectué sur un échantillon revêtu d'une couche mince interfaciale avant l'empilement des couches épaisses. Après retrait du ruban adhésif, on note un détachement partiel sur le bord de la pastille, mais l'ensemble du revêtement est résistant à un frottement manuel.

 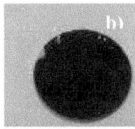

Figure III.26 Test d'adhérence (ruban adhésif normalisé) sur
YSZ (électrolyte)/La$_{1,98}$NiO$_{4+\delta}$ (couche mince)/La$_{1,98}$NiO$_{4+\delta}$ (3_dépôts)/La$_4$Ni$_3$O$_{10}$
Surface de l'échantillon : avant pose de l'adhésif (a) et après arrachement (b)

III.1.3.4 Couches composites

Une des caractéristiques des revêtements architecturés que nous avons préparés et décrits précédemment, est un arrangement "ordonné" de deux matériaux, qui limite la répartition -et donc la réactivité- de chacun d'eux dans un domaine restreint à une seule couche.

Pour étudier l'influence d'une répartition différente, nous avons préparé un revêtement "composite" dans lequel les deux matériaux interviennent dans les mêmes proportions que dans la couche architecturée (2/3 de $La_{2-x}NiO_{4+\delta}$ (x=0 et 0,02) et 1/3 de $La_4Ni_3O_{10}$), mais selon un arrangement aléatoire et homogène, qui permet de les combiner dans les trois dimensions à l'intérieur de la cathode.

Deux nouvelles barbotines ont été préparées en mélangeant mécaniquement pendant 24 heures, les poudres $La_2NiO_{4+\delta}$ (ou $La_{1.98}NiO_{4+\delta}$) et $La_4Ni_3O_{10}$ dans les proportions massiques respectives 2/3 et 1/3 utilisées dans les couches architecturées. Avec ces barbotines désignées par le terme "composites", les revêtements schématisés ci-dessous ont été préparés par trempage-retrait et traitement thermique final à 1150 °C :

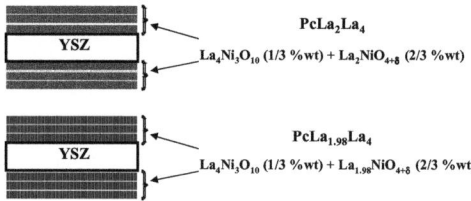

Caractérisation structurale par diffraction de rayons X

Les deux échantillons composites correspondent au diffractogramme donné figure III.27 qui met toujours en évidence les phases pures cristallisées.

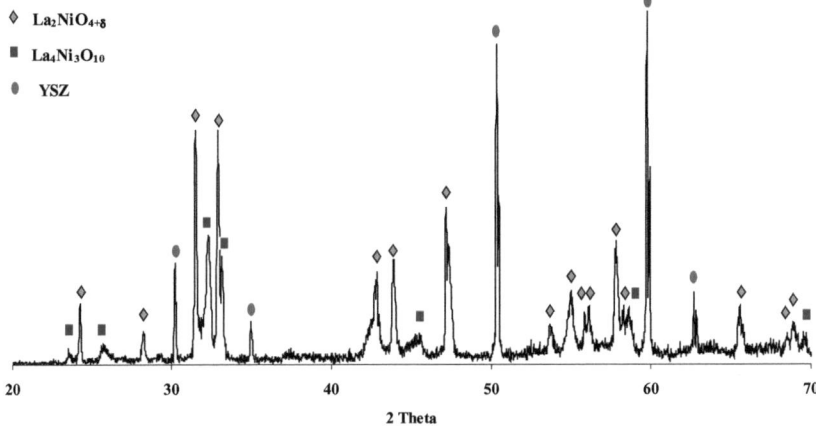

Figure III.27 Diffractogramme de rayons X de la couche composite La$_2$NiO$_{4+\delta}$ - La$_4$Ni$_3$O$_{10}$ sur substrat YSZ

Caractérisation microstructurale par microscopie électronique à balayage

Les micrographies des échantillons sont présentées figures III. 28 et III.29.

Les surfaces (figure III.28a et III.29a) sont homogènes et non fissurées. Avec le mélange qui contient La$_2$NiO$_{4+\delta}$, le frittage semble plus avancé qu'avec La$_{1.98}$NiO$_{4+\delta}$. Les sections transversales présentées sur les figures III.28b et III.29b montrent que la couche conserve une porosité ouverte ; quelques "ponts" sont visibles entre la couche et le substrat. L'épaisseur des échantillons est de l'ordre de 6 µm pour trois dépôts. Sur les micrographies des revêtements composites, des petits points blancs sur les grains sont dûs à un excès de métallisation des revêtements avant l'analyse microstructurale par MEB.

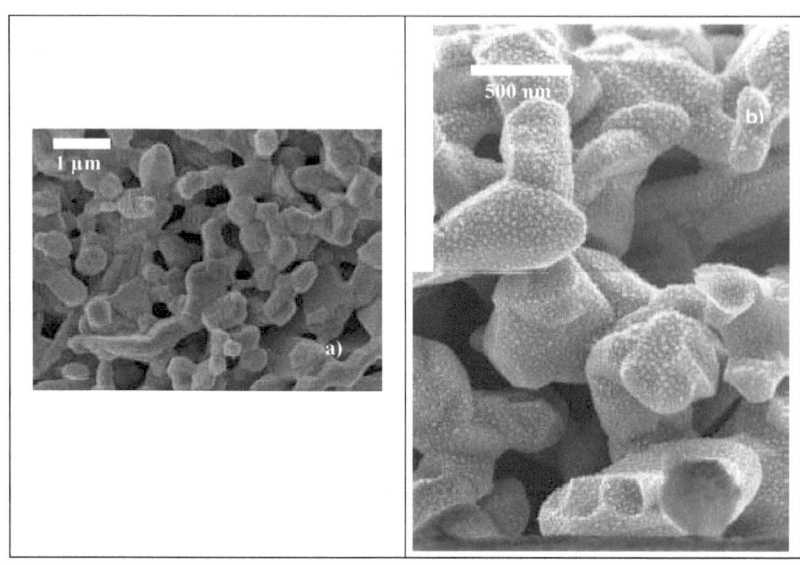

Figure III.28 Micrographies de la surface (a) et de la section transverse (b) du
revêtement composite (La$_{1.98}$NiO$_{4+\delta}$- La$_4$Ni$_3$O$_{10}$) sur substrat YSZ,

Figure III.29 Micrographies de la surface (a) et de la section transverse (b) du
revêtement composite (La$_2$NiO$_{4+\delta}$ - La$_4$Ni$_3$O$_{10}$) sur substrat YSZ

Test d'adhérence

Le test d'adhérence par ruban adhésif normalisé montre que le revêtement composite de La$_2$NiO$_{4+\delta}$ + La$_4$Ni$_3$O$_{10}$ est adhérent ; l'autre échantillon composite (La$_{1.98}$NiO$_{4+\delta}$ + La$_4$Ni$_3$O$_{10}$) présente des décollements minimes sur le bord de l'échantillon (figure III.30).

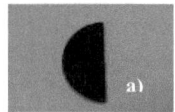 

Figure III.30 Test d'adhérence (ruban adhésif normalisé) sur revêtement composite La$_{1.98}$NiO$_{4+\delta}$ (2/3)+ La$_4$Ni$_3$O$_{10}$ (1/3) Surface de l'échantillon : avant pose de l'adhésif (a) et après arrachement (b)

Afin de valider les choix des empilements que nous avons élaborés, des tests électrochimiques ont été réalisés. Ils sont décrits dans la partie suivante du chapitre.

III.2 Caractérisations électrochimiques

L'objectif de cette partie est la caractérisation par spectroscopie d'impédance électrochimique des revêtements calcinés à 1150 °C ; cette technique est la plus communément employée pour la détermination des propriétés électriques et électrocatalytiques des matériaux céramiques. Les revêtements de référence, élaborés à partir d'un même matériau (soit La$_2$NiO$_{4+\delta}$ soit La$_4$Ni$_3$O$_{10}$), servent de bases de comparaison pour les revêtements architecturés, avec ou sans couche interfaciale.

La configuration retenue pour la réalisation des tests est une configuration en demi-cellule symétrique ; ces mesures rendent compte de l'ensemble de plusieurs processus entrant en jeu au niveau de la cathode, de l'électrolyte et de l'interface : adsorption et dissociation de l'oxygène gazeux, réduction de l'oxygène absorbé, diffusion des ions O^{2-} vers l'électrolyte.

Les caractérisations électrochimiques ont été effectuées pour partie au Laboratoire de Chimie de la Matière Condensée de Bordeaux (ICMCB) avec l'aide du Dr. Fabrice Mauvy, dans le cadre de deux courtes périodes de stage, et pour partie au Laboratoire d'Électrochimie et de Chimie Analytique (LECA) dans le cadre de l'ACI MICROSOFC pilotée par Dr. Armelle Ringuedé et Pr. Michel Cassir.

III.2.1 Généralités

Spectroscopie d'impédance

La spectroscopie d'impédance complexe consiste à étudier la réponse d'un système électrochimique lorsqu'une perturbation alternative de fréquence variable et d'amplitude constante autour d'un point de fonctionnement stationnaire lui est appliquée.

Analyse des diagrammes d'impédance

Sur le diagramme théorique (figure III.31) d'une cellule symétrique (représentation de Nyquist), l'opposé de la partie imaginaire $Z''= -$ Im $[Z(\omega)]$ est tracé en fonction de la partie réelle $Z'=$ Re $[Z(\omega)]$. Le diagramme "théorique" correspond à une association série ou parallèle de plusieurs contributions représentées par des arcs de cercle ; allant des hautes fréquences (HF) vers les basses fréquences (BF). Le premier arc est relatif au "cœur" (bulk) de l'électrolyte (de résistance "Rb"), le suivant aux joints de grains de l'électrolyte (résistance "Rjdg") ; l'arc à moyenne fréquence (MF) est relatif au transfert des ions O^{2-} à l'interface cathode/électrolyte (résistance "Rt") et l'arc à basse fréquence (BF) (résistance "Re") correspond aux processus d'électrode (adsorption-dissociation, transfert de charge-diffusion dans l'électrode). Les fréquences "f" au sommet des arcs de cercle sont différentes et constituent une "signature" d'identification de chacun des phénomènes électrochimiques précédemment envisagés.

La détermination de la pulsation caractéristique ω_0 ou de la fréquence f_0 au sommet des demi-arcs de cercle permet de calculer la capacité C du circuit à l'aide de la relation :

$$\omega_0 RC = 2\pi f_0 RC = 1 \qquad \text{III.1}$$

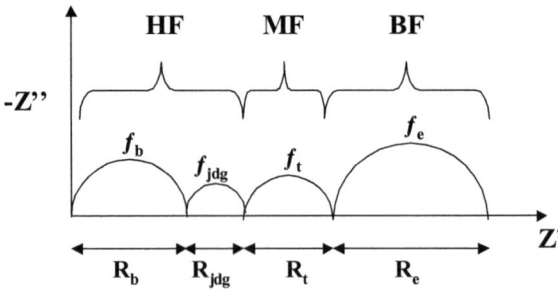

Figure III.31 : Diagramme d'impédance d'une demi-cellule symétrique (travaux de Schouler cités par E. Boehm [10])

Il est alors possible de déterminer les résistances de l'électrolyte (R_b et R_{jdg}) et la résistance de polarisation (Rp) de l'électrode à l'aide du diagramme d'impédance complexe.

$$Rp = R_t + R_e \qquad \text{III.2}$$

Avec :

$Z'_{interface} = Z'_t$ à Moyenne Fréquence

$Z'_{chem} = Z'_e$ à Basse Fréquence

$R_{électrolyte} = R_{électrolyte\ (b+jdg)}$ à Haute Fréquence

La résistance de polarisation $Rp = R_t + R_e$ permet de calculer la résistance surfacique (ASR). La surface "S" des électrodes est exprimée en cm^2 et le coefficient 1/2 est introduit pour tenir compte de la symétrie de la cellule :

$$ASR = (Rp) \cdot S \cdot (1/2) \qquad \text{III.3}$$

La même normalisation intervient pour les capacitances C (exprimées en $F \cdot cm^{-2}$) :

$$C = \frac{2 \cdot C_{mesurée}}{S} \qquad \text{III.4}$$

Dispositif expérimental

L'échantillon est mis en circuit à l'aide de deux contacts situés sur chacune de ses faces. Il est introduit dans la cellule électrochimique placée dans un four tubulaire thermorégulé. Une circulation de gaz est prévue dans la cellule pour des mesures sous différentes atmosphères (figure III.32) ; nos échantillons ont été étudiés sous air ($P_{O_2} = 0{,}21$ atm).

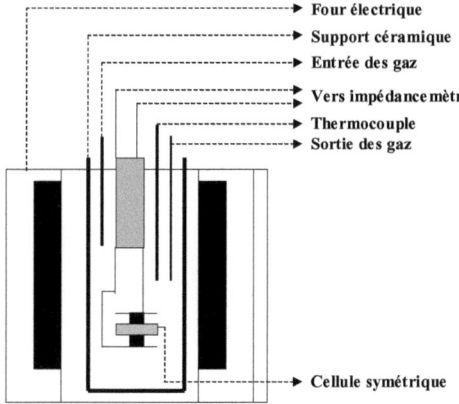

Four électrique
Support céramique
Entrée des gaz
Vers impédance mètre
Thermocouple
Sortie des gaz

Cellule symétrique

Figure III.32 Schéma du dispositif de mesure d'impédance

Le collectage électronique est assuré soit par un contact ponctuel, soit par une grille de platine, comme cela sera expliqué ci-après.

Préparation des cellules symétriques

L'élaboration des cellules symétriques a été présentée précédemment ; leur identification est indiquée dans le tableau III.7. Les électrodes sont d'épaisseur sensiblement constante, afin de pouvoir comparer les architectures.

Tableau III.7 Echantillons analysés par spectroscopie d'impédance

Echantillon	Configuration	Epaisseur μm (± 2)	Utilisation
P_1*	YSZ/ $La_4Ni_3O_{10}$	4	Référence
P_2*	YSZ/ $La_2NiO_{4+\delta}$	4	Référence
P_3*	YSZ/ $La_2NiO_{4+\delta}$ / $La_4Ni_3O_{10}$	6	Architecturé
P_4*	YSZ/$La_2NiO_{4+\delta}$ (couche mince)/$La_2NiO_{4+\delta}$ /$La_4Ni_3O_{10}$	6	Architecturé avec couche mince
$Pc_{La1.98La4}*$	YSZ/ $La_{1.98}NiO_{4+\delta}$ (2/3 mass.)+ $La_4Ni_3O_{10}$ (1/3mass.)	6	Composite
$Pc_{La2La4}*$	YSZ/ $La_2NiO_{4+\delta}$ (2/3 mass.) + $La_4Ni_3O_{10}$ (1/3 mass.)	6	Composite
P_5**	YSZ/ $La_4Ni_3O_{10}$	6	Référence
P_6**	YSZ/ $La_{1.98}NiO_{4+\delta}$	10	Référence
P_7**	YSZ/ $La_{1.98}NiO_{4+\delta}$ /$La_4Ni_3O_{10}$	10	Architecturé
P_8**	YSZ/$La_2NiO_{4+\delta}$(couche mince)/$La_2NiO_{4+\delta}$ /$La_4Ni_3O_{10}$	10	Architecturé avec couche mince

Mesures d'impédance réalisées au :

* Laboratoire de Chimie de la Matière Condensée de Bordeaux (ICMCB) : collectage grille platine

** Laboratoire d'Électrochimie et de Chimie Analytique (LECA) à Paris: collectage ponctuel

III.2.2 Expérimentation et résultats

III.2.2.1 Collectage électronique ponctuel

Le dispositif comprend, sur une face de l'échantillon, une électrode ponctuelle de platine, et sur l'autre face une spirale de platine (figure III.33). Ce mode de collectage électronique, "non optimisé", n'a pas pour objectif de déterminer une "valeur absolue" de résistance surfacique, mais il est bien adapté à la comparaison des demi-cellules entre elles et permet d'établir une discrimination entre les architectures. L'étude a été effectuée dans le Laboratoire d'Electrochimie et de Chimie Analytique (LECA- UMR 7575) de l'Ecole Nationale Supérieure de Chimie de Paris. Les mesures ont été effectuées sous air ambiant (taux d'humidité non contrôlé), dans une configuration à deux électrodes ; l'amplitude du signal est de 20 et 50 mV, et aucune tension continue n'est appliquée. La gamme de fréquence balayée est en général de 1 MHz à 1 mHz, avec 11 points par décade (100 points au total), à partir d'un potentiostat PGSTAT20, Autolab Ecochemie BV.

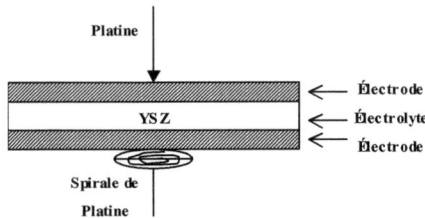

Figure III.33 Schéma du montage expérimental

Mesures d'impédance des demi cellules symétriques

Sur le dispositif utilisé au LECA, les diagrammes d'impédance ont été enregistrés à 550 °C sous air pour les cellules symétriques P_5 , P_6 , P_7 et P_8 ; ils sont reportés sur la figure III.34. Nous avons déterminé, à partir de ces diagrammes d'impédance, les composantes définies précédemment Z'_t et Z'_e. Pour P_5 et P_6, deux arcs de cercle sont visibles, celui à moyenne fréquence étant seulement une ébauche ; ils sont attribués à Z'_t (MF) et Z'_e (BF) respectivement. Dans le cas de P_7 et P_8, les deux arcs de cercle ne sont pas discernables ; on détermine donc la somme $Z'_t + Z'_e$, qui représente la résistance de polarisation Rp. Les fréquences au sommet des demi-arcs, notées sur la figure III.34, permettent de calculer (relation III.1), pour P_5 et P_6, les capacités correspondantes qui sont reportées dans le tableau III.8.

Le décalage par rapport à l'origine des demi-cercles attribués à l'électrode (figure III.34) correspond à la résistance de l'électrolyte, différente suivant les échantillons, en fonction du polissage préalable du substrat YSZ qui entraîne des variations d'épaisseur.

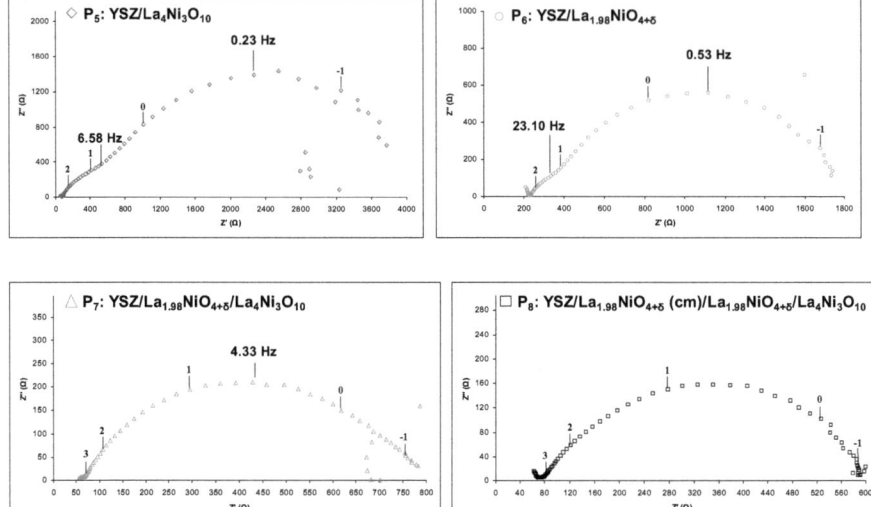

Figure III.34 Diagrammes de Nyquist des cellules symétriques à T= 550 °C

Tableau III.8 Capacité liée aux phénomènes d'interface et d'électrode [F·cm^{-2}]

Echantillon	Interface	Electrode
P_5	$8,76 \cdot 10^{-5}$	$1,57 \cdot 10^{-4}$
P_6	$2,49 \cdot 10^{-5}$	$1,54 \cdot 10^{-4}$
Electrode La$_2$NiO$_4$ [11]	$10^{-7} - 10^{-8}$	$10^{-4} - 10^{-5}$

La capacité liée aux interfaces pour P_6 est plus élevée que celle qui a été obtenue dans des travaux précédents, en revanche les valeurs de capacités liées aux phénomènes d'électrode coïncident avec celles données dans la littérature [11] (tableau III.8).

Nous avons déterminé Z'_t , Z'_e et la résistance de polarisation de chaque demi-cellule et calculé les rapports Rp_i/Rp_j des résistances de polarisation des cellules "i" et "j" ; les valeurs sont reportées dans le tableau III.9.

Tableau III.9 Impédances des demi-cellules symétriques (Ω) à T= 550 °C				
Echantillon	Z'_t	Z'_e	Rp	Rp_i/Rp_j
P_5 (référence $La_4Ni_3O_{10}$)	195	3094	3289	
P_6 (référence $La_{1.98}NiO_{4+\delta}$)	195	1366	1561	
P_7 (architecturé $La_{1.98}NiO_{4+\delta}$ /$La_4Ni_3O_{10}$)			685	$\dfrac{Rp(P_7)}{Rp(P_5)} = 0,21$ $\dfrac{Rp(P_7)}{Rp(P_6)} = 0,44$
P_8 (architecturé avec couche mince)			498	$\dfrac{Rp(P_8)}{Rp(P_7)} = 0,73$

Les demi-cellules P_5 et P_6 ont la même valeur de Z'_t, on peut donc supposer qu'elles ont le même comportement vis-à-vis des transferts ioniques aux interfaces à la température de mesure ; les valeurs de Z'_e sont différentes, ce qui traduit un comportement différent vis-à-vis du transport et de la réduction de l'oxygène, favorisés dans la demi-cellule P_6.

Les résistances de polarisation Rp des demi-cellules diminuent de P_5 à P_8 ce qui montre l'effet positif de l'empilement, d'autant plus qu'une couche mince est présente sur le substrat. Cet effet peut être quantifié par les rapports des résistances de polarisation de la couche architecturée P_7 à chacune des couches de référence P_5 et P_6 , puis de la résistance de polarisation de P_8 à celle de P_7. On constate que l'empilement P_7 est environ 5 fois moins résistant que la référence P_5 ($La_4Ni_3O_{10}$ seul) et 2 fois moins résistant que la référence P_6 ($La_{1.98}NiO_{4+\delta}$ seul), ce qui montre l'intérêt du revêtement architecturé par rapport à une cathode constituée d'un seul matériau.

Le rapport $Rp(P_8)/Rp(P_7)$ montre une diminution d'environ 30% de la résistance de polarisation, lorsqu'une couche mince interfaciale est insérée entre le substrat et le revêtement architecturé.

La superposition des diagrammes de Nyquist des demi-cellules symétriques, présentée sur la figure III.35, met en évidence la diminution de résistance des cathodes architecturées par rapport aux cathodes de référence P_5 et P_6.

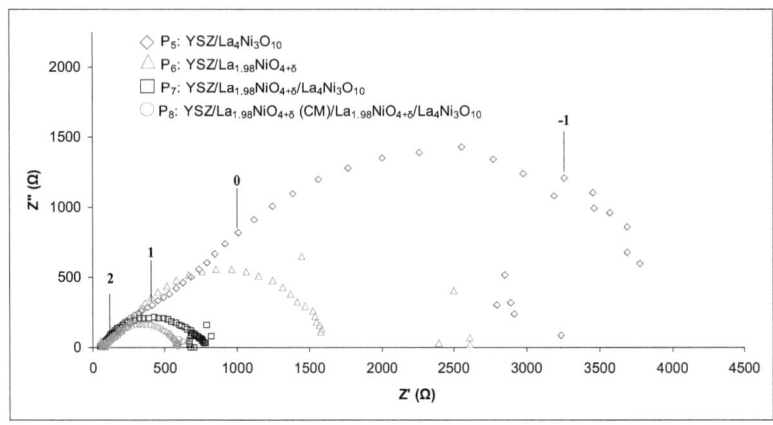

Figure III.35 Superposition des diagrammes de Nyquist des demi-cellules symétriques (550°C, sous air).

Caractérisations microstructurales

Les micrographies reportées sur la figure III.36 présentent les surfaces des demi-cellules P_5 à P_8 et la section transverse à l'interface cathode/électrolyte. Le dépôt de cathode apparaît adhérent, tout en conservant la porosité permettant le passage des gaz.

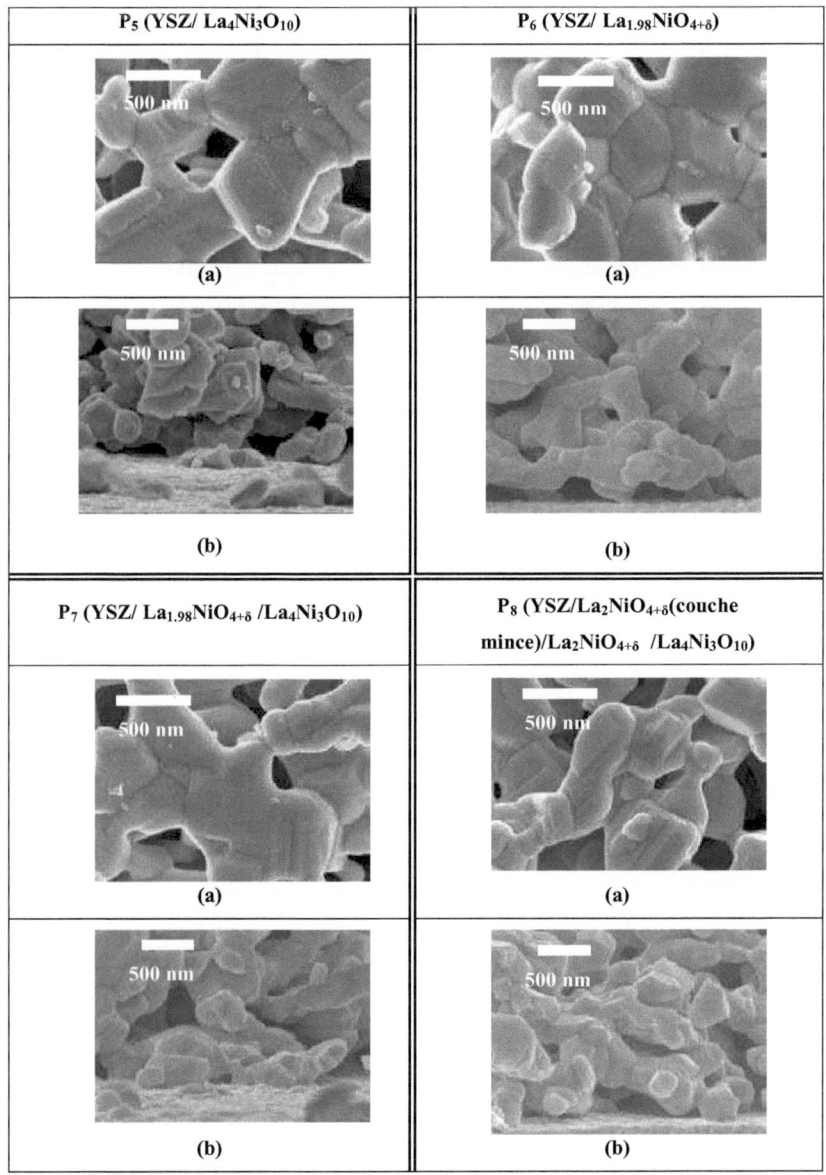

Figure III.36 MEB de la surface (a) et de la section (b) des cellules symétriques

Afin de mieux connaître la relation entre la microstructure des électrodes et l'impédance associée, d'autres travaux sont nécessaires pour déterminer des paramètres que nous n'avons pas pu mesurer, tels que la tortuosité, la porosité, etc…[12, 13, 14].

III.2.2.2 Collectage électronique avec grilles

Sur les demi-cellules symétriques P_1, P_2, P_3, P_4, $Pc_{La1.98La4}$ et Pc_{La2La4} un collectage électronique, constitué par deux grilles de platine placées de part et d'autre de l'échantillon, a été mis en œuvre au Laboratoire de Chimie de la Matière Condensée de Bordeaux (ICMCB). Ce mode de collectage assure une meilleure distribution des électrons à la surface de l'échantillon. Les collecteurs sont maintenus au contact de la cellule par un système de ressorts permettant de maintenir une pression constante. Sur la figure III.37 est présenté le dispositif de mesure. Il comporte un four dans lequel peut coulisser un tube céramique contenant la cellule.

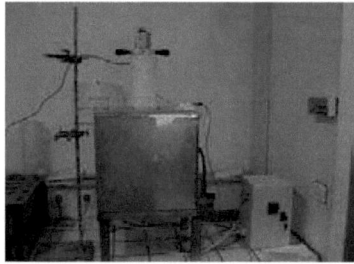

Figure III.37 Dispositif de mesure d'analyse d'impédance

Détermination des résistances surfaciques ASR

Les diagrammes d'impédance ont été enregistrés dans l'intervalle de 400°C à 900 °C par pas de 100°C, sous air ambiant (taux d'humidité non contrôlé), l'amplitude de la tension sinusoïdale imposée est de 50 mV ; la gamme de fréquence est comprise dans l'intervalle 10 mHz à 1MHz. L'appareillage est un impédancemètre de marque Autolab PGSTAT 30. Les diagrammes d'impédance ont été analysés à l'aide du programme Zview2 afin de calculer les résistances de polarisation. Celles-ci permettent de déduire les résistances surfaciques, à partir de l'équation III.3.

Les résistances surfaciques des demi-cellules P_1, P_2, P_3, P_4, $Pc_{La1.98La4}$ et Pc_{La2La4} ont été déterminées entre 400 °C et 900 °C, lors d'un cycle de chauffage et refroidissement. Les données présentées correspondent à l'intervalle de température 500 °C - 800 °C , pour lequel les résultats obtenus lors du chauffage et du refroidissement sont en bon accord. Pour le calcul des énergies d'activation Ea, l'intervalle complet de température a été pris en compte.

ASR des cellules de référence

Les valeurs de résistance surfacique des demi-cellules symétriques de référence (P_1 et P_2) sont reportées dans le tableau III.10 et sur la figure III.38. Pour l'échantillon P_2, l'ASR est du même ordre de grandeur que celle qui a été publiée (35 $\Omega*cm^2$ à 700 °C) [10] ; pour P_1, la valeur d'ASR plus élevée que dans la littérature (3 $\Omega*cm^2$ à 700 °C) [5, 15] peut être due à une microstructure différente.

Dans l'intervalle de température 600 - 750 °C, la demi-cellule symétrique $La_4Ni_3O_{10}$ présente des valeurs d'ASR légèrement plus faibles que celle de $La_2NiO_{4+\delta}$.

Tableau III.10 Résistance surfacique des demi-cellules de référence en fonction de la température				
P_1 (YSZ/ $La_4Ni_3O_{10}$)				
T °C	516	631	747	850
[1000/(T)] K^{-1}	1.27	1.11	0.98	0.89
$\Omega*cm^2$	1554	162	25	13
P_2 (YSZ/ $La_2NiO_{4+\delta}$)				
T °C	517	632	743	858
[1000/(T)] K^{-1}	1.27	1.10	0.98	0.88
$\Omega*cm^2$	883	195	38	6

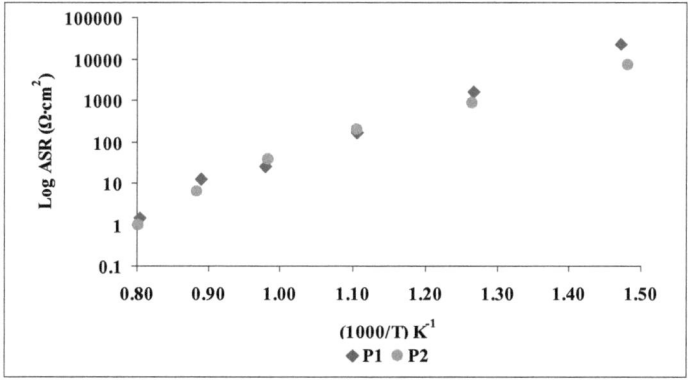

Figure III.38 Résistance surfacique des demi-cellules de référence en fonction de la température

Calcul des énergies d'activation

Les énergies d'activation ont été calculées en prenant en compte l'ensemble des résultats d'ASR obtenus sur l'intervalle de température complet 400 – 900 °C. La valeur moyenne de l'énergie d'activation obtenue pour P_1 à 800 °C est conforme aux résultats publiés dans la littérature qui est de 1,36 [5, 15]. Pour P_2, la valeur d'énergie d'activation calculée à 800 °C est légèrement supérieure à la valeur reportée dans la littérature qui est de 1,24 (Tableau III.11).

Tableau III.11 Energies d'activation des demi-cellules symétriques de référence		
Demi-cellule	**Ea (eV)**	**Ea (Bibliographie) [5, 15] (eV)**
P_1 (YSZ/ $La_4Ni_3O_{10}$)	1,37	1,36
P_2 (YSZ/ $La_2NiO_{4+\delta}$)	1,61	1,24

ASR des revêtements architecturés

Les demi-cellules P_3 et P_4 présentent des valeurs d'ASR très proches dans le domaine de température qui nous intéresse (600 – 800 °C), ce qui ne semble pas montrer dans ce cas d'influence très marquée de la couche interfaciale, contrairement à ce qui est mis en évidence avec le collectage ponctuel. Ceci montre l'importance de réaliser en parallèle des mesures "brutes", sans collectage optimisé, qui permettent de mettre en évidence les effets des empilements, alors qu'un collectage "trop efficace" peut lisser certaines caractéristiques des matériaux. La comparaison des demi-cellules P_3 et P_4 (tableau III.12) avec les demi-cellules de référence P_1 et P_2 (tableau III.10) montre que les valeurs d'ASR sont beaucoup plus faibles pour les demi-cellules architecturées. Ceci confirme l'effet significativement positif des architectures préparées sur les performances électrochimiques.

Tableau III.12 Résistance surfacique des demi-cellules architecturées en fonction de la température				
P_3 (YSZ/ $La_2NiO_{4+\delta}$/$La_4Ni_3O_{10}$)				
T °C	521	632	744	853
[1000/(T)] K^{-1}	1,26	1,10	0,98	0,89
$\Omega*cm^2$	221	47	8	0,7
P_4 (YSZ/$La_2NiO_{4+\delta}$ (couche mince)/$La_2NiO_{4+\delta}$ /$La_4Ni_3O_{10}$)				
T °C	521	632	747	859
[1000/(T)] K^{-1}	1,26	1,10	0,98	0,88
$\Omega*cm^2$	303	50	9	1,4

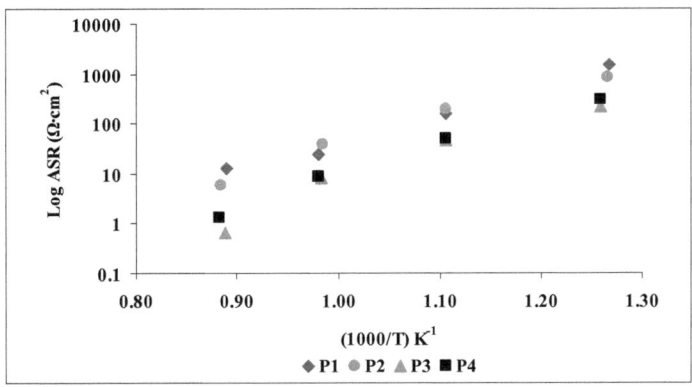

Figure III.39 Résistance surfacique des demi-cellules en fonction de la température

Calcul des énergies d'activation

Les énergies d'activation des demi-cellules architecturées sont un peu plus élevées que celles des demi-cellules de référence, en particulier pour P_3. (tableau III.13).

Tableau III.13 Energie d'activation de P_3 et P_4	
Echantillon	**Ea (eV)**
P_1 (YSZ/ $La_4Ni_3O_{10}$)	1,37
P_2(YSZ/ $La_2NiO_{4+\delta}$)	1,61
P_3(YSZ/ $La_2NiO_{4+\delta}$/$La_4Ni_3O_{10}$)	1,83
P_4(YSZ/$La_2NiO_{4+\delta}$ (couche mince)/$La_2NiO_{4+\delta}$ /$La_4Ni_3O_{10}$)	1,65

ASR de demi-cellules symétriques composites

L'ASR du revêtement composite Pc_{La2La4} à 700 °C est de 18 Ω*cm^2 (Tableau III.14). Cette valeur est intermédiaire entre les deux valeurs extrêmes (34 $\Omega \cdot$cm^2 pour un modèle à deux résistances en série et 6 $\Omega \cdot$cm^2 pour un modèle à deux résistances en parallèle, en tenant compte des proportions de chaque constituant du composite (2/3 $La_2NiO_{4+\delta}$ (ASR : 38 $\Omega \cdot$cm^2) + 1/3 $La_4Ni_3O_{10}$ (ASR : 25 $\Omega \cdot$cm^2) (Tableau III.10), résultat qui pourrait être amélioré en optimisant encore la composition du composite. Un calcul similaire n'a pu être fait pour le composite $Pc_{La1.98La4}$, le diagramme d'impédance de la demi-cellule de référence n'ayant pas été enregistré dans les mêmes conditions (figure III.40 et tableau III.14).

Les deux cellules symétriques composites $Pc_{La1.98La4}$ et Pc_{La2La4} ont des valeurs de résistance de polarisation du même ordre de grandeur dans le domaine de température 700 °C - 900 °C, ce qui ne semble pas montrer d'effet particulier de la sous-stoechiométrie en lanthane.

Tableau III.14 Résistance surfacique des demi-cellules composites en fonction de la température				
$Pc_{La1.98La4}$ (YSZ/ $La_{1.98}NiO_{4+\delta}$ (2/3 massique)+ $La_4Ni_3O_{10}$ (1/3 massique))				
T °C	602	738	854	958
[1000/(T)] K^{-1}	1,14	0,99	0,89	0,81
$\Omega*cm^2$		18	3,4	0,7
Pc_{La2La4} (YSZ/ $La_2NiO_{4+\delta}$ (2/3 massique) + $La_4Ni_3O_{10}$ (1/3 massique))				
T °C	603	740	857	971
[1000/(T)] K^{-1}	1,14	0,99	0,88	0,80
$\Omega*cm^2$	206	18	2,9	0,5

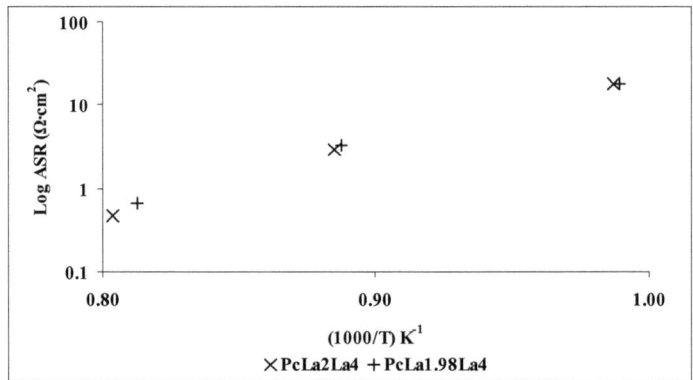

Figure III.40 Résistance surfacique des demi-cellules composites en fonction de la température

Calcul des énergies d'activation

Les demi-cellules symétriques composites présentent des valeurs d'énergie d'activation plus faibles que les demi-cellules de référence P_1 et P_2 (Tableau III.15) ce qui semble montrer qu'une distribution très homogène du conducteur électronique ($La_4Ni_3O_{10}$) jusqu'à l'interface avec l'électrolyte est favorable.

Tableau III.15 Energies d'activation des demi-cellules $Pc_{La1.98La4}$ et Pc_{La2La4} et des demi cellules de référence	
Echantillon	**Ea (eV)**
P_1 (YSZ/ $La_4Ni_3O_{10}$)	1,37
P_2(YSZ/ $La_2NiO_{4+\delta}$)	1,62
$Pc_{La1.98La4}$	0,82
Pc_{La2La4}	0,86

Comparaison avec l'ASR de revêtement déposé par sérigraphie

A partir de poudre élaborées par sol-gel au CIRIMAT, nous avons eu l'opportunité, à l'Institut de Chimie de la Matière Condensée de Bordeaux, de préparer un revêtement de $La_4Ni_3O_{10}$ par un procédé différent de celui que nous avons utilisé dans l'ensemble de nos travaux. Avec la poudre $La_4Ni_3O_{10}$ nous avons préparé une encre de sérigraphie qui a été déposée sur l'électrolyte YSZ. L'échantillon a été calciné à 1050 °C pendant 2 heures.

Les résultats d'ASR à 700°C des revêtements de $La_4Ni_3O_{10}$ déposés par sérigraphie, par trempage-retrait (P_1) et par un procédé de peinture [5] sont reportés sur le tableau III.16 et la figure III.41. Les différences de valeur d'ASR peuvent être attribuées à l'influence de la microstructure et à un effet "volumique" dû à l'épaisseur des revêtements (40 µm pour le revêtement sérigraphié, 4 µm pour P_1) qui rendent difficiles la comparaison des différents dépôts. Pour le revêtement sérigraphié, la valeur d'ASR est proche de celle de la littérature [5].

Tableau III.16 Résistance surfacique de la demi-cellule YSZ/ $La_4Ni_3O_{10}$ en fonction de la température :a) revêtement sérigraphié, b) échantillon P1, c) littérature [5]				
T °C	509	621	738	853
$[1000/(T)]$ K^{-1}	1,28	1,12	0,99	0,89
a) $\Omega*cm^2$	**301**	**41**	**5**	**0,7**
T °C	516	631	747	850
$[1000/(T)]$ K^{-1}	1,27	1,11	0,98	0,89
b) $\Omega*cm^2$	**1554**	**162**	**25**	**13**
T °C	550	600	700	800
$[1000/(T)]$ K^{-1}	1,21	1,14	1,03	0,93
c) $\Omega*cm^2$	**39**	**13**	**3**	**0,7**

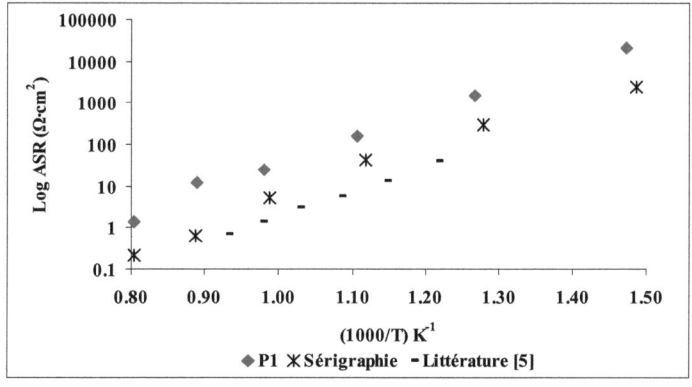

Figure III.41 ASR de la demi-cellule YSZ/$La_4Ni_3O_{10}$ en fonction de la température

Caractérisations microstructurales

Nous présentons sur les figures III.42-43-44 , les micrographies de surface et d'interface cathode/ électrolyte.

Il est intéressant de remarquer en particulier les points de contact entre la cathode et l'électrolyte.

Sur les micrographies des revêtements composites, des petits points blancs sur les grains sont dûs à un excès de métallisation des revêtements avant l'analyse microstructurale par MEB.

Sur la figure III.44 sont présentées les micrographies correspondant aux revêtements élaborés par sérigraphie.

P_1 (YSZ/ $La_4Ni_3O_{10}$)	P_2 (YSZ/ $La_2NiO_{4+\delta}$)
(a)	(a)
(b)	(b)

Figure III.42 MEB de la surface (a) et de la section transversale (b) des demi-cellules symétriques de référence

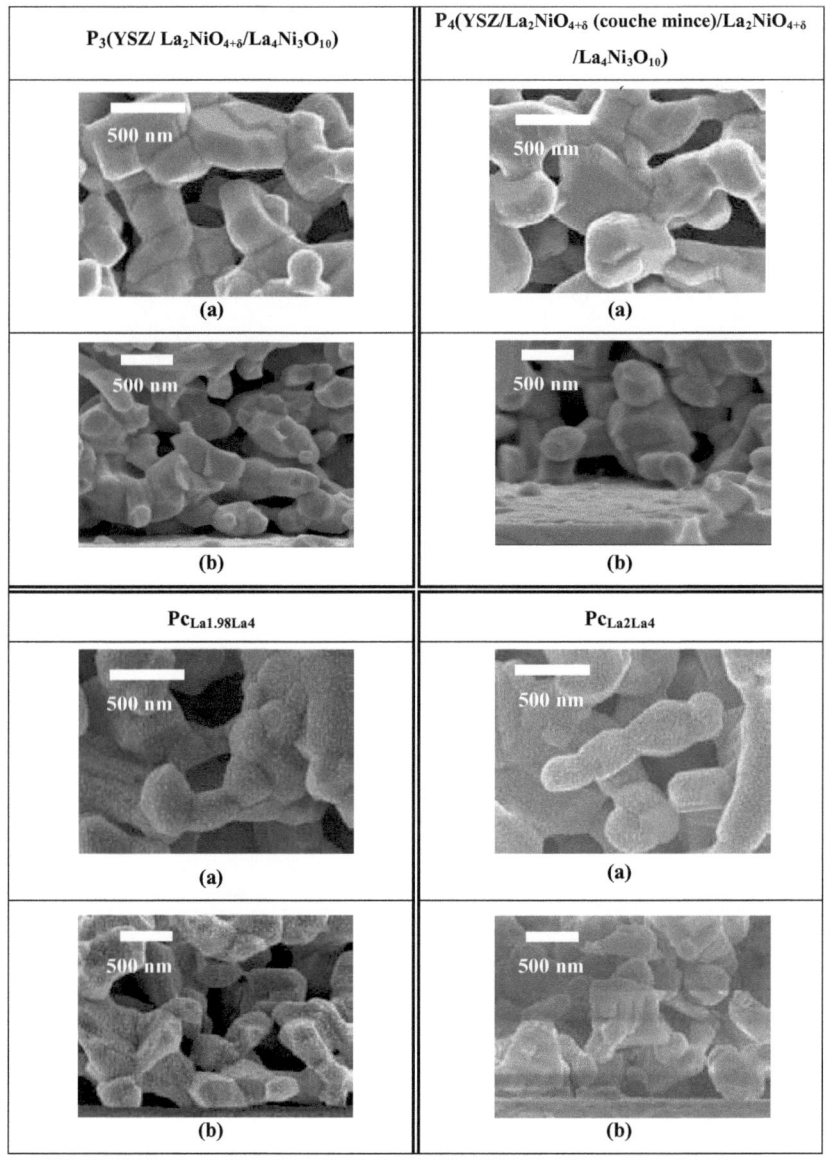

Figure III.43 MEB de la surface (a) et de la section transversale (b) des cellules symétriques

**Figure III.44 MEB de la surface (a) et de la section transversale (b) de la cellule
symétrique avec revêtement sérigraphié**

Les résistances surfaciques de l'ensemble des demi-cellules symétriques P_1, P_2, P_3, P_4, $Pc_{La1.98La4}$, Pc_{La2La4} et $La_4Ni_3O_{10}$ sérigraphié, sont présentées sur la figure III.45 qui met en évidence la diminution de la résistance surfacique des cathodes architecturées et des revêtements composites par rapport aux cathodes de référence.

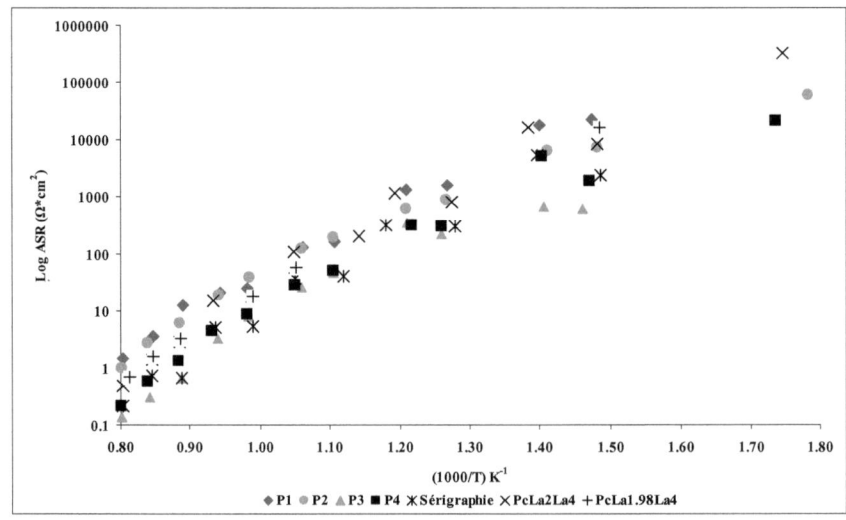

Figure III.45 ASR des demi-cellules symétriques en fonction de 1000/T (K^{-1})

Conclusions

Les principaux résultats mis en évidence dans ce chapitre portent sur l'acquisition d'un savoir faire dans l'élaboration des couches épaisses architecturées, homogènes et sans fissuration, adhérentes, obtenues après calcination à 1150 °C ainsi que sur leur évaluation électrochimique.

Des couches composites ont été préparées en mélangeant des poudres $La_2NiO_{4+\delta}$ (ou $La_{1.98}NiO_{4+\delta}$) et $La_4Ni_3O_{10}$ dans les proportions massiques 2/3 et 1/3 respectivement.

Les caractérisations électrochimiques des revêtements préparés ont été effectuées dans deux configurations complémentaires de collectage électronique : collectage par électrode ponctuelle et collectage par grille de platine, le premier permettant de discriminer les différents échantillons et le second permettant de proposer des valeurs d'ASR plus "réalistes".

Les tests par collectage ponctuel mettent en évidence l'effet positif des revêtements architecturés et surtout la diminution de la résistance de polarisation lorsque la couche mince interfaciale est présente.

Le test élaboré par collectage avec des grilles de platine montre l'effet positif des revêtements architecturés avec ou sans couche mince interfaciale sur les valeurs d'ASR. Ainsi, le dépôt préalable d'une couche mince interfaciale entre la couche architecturée et l'électrolyte a montré qu'il permettait d'établir un contact plus intime à l'interface cathode/ électrolyte.

Référence bibliographiques

1 M.-L. Fontaine, Thèse de Doctorat de l'Université Toulouse III, France (2004)
Elaboration et caractérisation par le procédé sol-gel d'architectures d'électrodes de nickelates de lanthane sous forme de films minces (< 1 micron). Application Pile à Combustible à Oxyde Solide fonctionnant à température intermédiaire.

2 E. Boehm et al. Solid State Ionics 176, 2717–2725, (2005)
Oxygen diffusion and transport properties in non-stoichiometric $Ln_{2-x}NiO_{4+\delta}$ oxides.

3 G. Amow et al. Solid State Ionics 177, 1837–1841, (2006)
Synthesis and characterization of $La_4Ni_{3-x}Co_xO_{10\pm\delta}$ $(0.0{\leq}x{\leq}3.0, \Delta x=0.2)$ for solid oxide fuel cell cathodes.

4 S. Castillo et al., Materials Research Bulletin 42, 2125–2131, (2007)
Influence of the processing parameters of slurries for the deposit of nickelate thick films.

5 G. Amow et al., Solid State Ionics 177, 1205–1210, (2006)
A comparative study of the Ruddlesden-Popper series, $La_{n+1}Ni_nO_{3n+1}$, (n=1, 2 and 3), for solid-oxide fuel-cell cathode applications.

6 Z. Zhang et al., Journal of Solid State Chemistry 117, 236-246, (1995),
Synthesis, Structure, and Properties of $Ln_4Ni_3O_{10-\delta}$ (Ln = La, Pr, and Nd).

7 M.L. Fontaine et al. Journal of Solid State Chemistry 177, 1471–1479, (2004)
Elaboration and characterization of $La_2NiO_{4+\delta}$ powders and thin films via a modified sol–gel process.

8 H. E. Höfer et al., Journal of electrochemical society 140 (10), 2889-2894, (1993)
Crystal chemistry and thermal behavior in the lanthanum chromium nickel oxide $[La(Cr,Ni)O_3]$ perovskite system.

9 A.N. Petrov et al., Journal of Solid State Chemistry 77, 1-14 (1988)
Thermodynamic stability of ternary oxides in Ln-M-O (Ln= La, Pr, Nd; M=Co, Ni, Cu) systems.

10 E. Boehm, Thèse de Doctorat de l'Université Bordeaux I, France (2002)
Les nickelates $A_2MO_{4+\delta}$, nouveaux matériaux de cathode pour piles à combustible SOFC moyenne temperature.

11 F. Mauvy et al, Journal of The Electrochemical Society, 153 (8), A1547-A1553, (2006),
Electrode properties of $Ln_2NiO_{4+\delta}$, (Ln = La, Nd, Pr), AC Impedance and DC Polarization Studies.

12 S.B. Adler et al, J. Electrochem. Soc, 143 (11), 3554-3564,(1996)
Electrode kinetics of porous mixed-conducting oxygen electrodes.

13 S.B. Adler, Solid State Ionics 111, 125-134, (1998)
Mechanism and kinetics of oxygen reduction on porous $La_{1-x}Sr_xCoO_{3-\delta}$ electrodes.

14 S.B. Adler, Solid State Ionics 135, 603-612, (2000)
   Limitations of charge-transfer models for mixed-conducting oxygen electrodes.

15 G. Amow et al., J. Solid State Electrochemistry 10, 538-546, (2006)
   Recent developments in Ruddlesden-Popper nickelate systems for solid oxide fuel cell cathodes.

Conclusion générale

Conclusion générale

Dans ce travail nous avons synthétisé, dans un premier temps, les matériaux de cathode de la famille Ruddlesden-Popper, de formulation $La_{1,98}NiO_{4+\delta}$, $La_2NiO_{4+\delta}$ et $La_4Ni_3O_{10}$, sous forme de poudre par voie sol-gel. Les cristallites de $La_{1,98}NiO_{4+\delta}$ et $La_2NiO_{4+\delta}$ ont une morphologie sphérique, la taille moyenne des cristaux étant voisine de 200 nm. La morphologie de la poudre $La_4Ni_3O_{10}$ est cylindrique avec une taille moyenne des cristallites de 200 nm x 550 nm.

Les poudres, $La_{1,98}NiO_{4+\delta}$, $La_2NiO_{4+\delta}$ et $La_4Ni_3O_{10}$, ainsi synthétisées constituent, avec le solvant, le dispersant, le liant et le plastifiant, la base de suspensions à partir desquelles sont formées des couches épaisses, de l'ordre de 10 microns, par trempage-retrait sur le substrat YSZ. Une étude de la stabilité de ces suspensions en fonction du taux de dispersant (2, 4 et 6% massique par rapport à la poudre) a été effectuée par détermination du potentiel Zeta et de la distribution granulométrique, ce qui a permis de définir la suspension la plus stable.

Les revêtements déposés sur le substrat YSZ sont constitués, soit d'un seul des trois matériaux étudiés (couche de référence), soit de deux matériaux organisés selon un arrangement défini (couches architecturées ou couches composites). Une bonne adhérence du revêtement épais est obtenue à la fois par le dépôt préalable sur le substrat d'une couche mince interfaciale de même nature et par l'ajustement de la température de traitement thermique (calcination à 1150 °C).

Les phases cristallines présentes dans les revêtements ont été identifiées par diffraction de rayons X. L'étude de la microstructure des revêtements par micrographie MEB a montré que la forme et la taille des grains de la poudre sont conservées lorsque la température de calcination est égale à 1000 °C, tandis qu'un traitement thermique à 1150 °C conduit au frittage des grains de $La_2NiO_{4+\delta}$ et $La_{1,98}NiO_{4+\delta}$; pour $La_4Ni_3O_{10}$, le frittage est beaucoup moins avancé, même dans des conditions sévères de température et de pression comme l'ont montré les essais de frittage-flash par SPS. Dans les couches architecturées et dans les couches composites, l'interface entre les populations granulaires est très intime, malgré les deux morphologies différentes ; il n'apparaît pas, sur les sections transversales observées par micrographie MEB, de séparation entre les différents dépôts. Les différents revêtements présentent une surface homogène et sans fissurations ; ils conservent à la fois une bonne cohésion et une porosité interconnectée.

Afin de valider les différentes architectures, les caractérisations électrochimiques des demi-cellules symétriques ont été effectuées dans deux configurations complémentaires de collectage électronique : collectage par électrode ponctuelle et collectage par grille de platine. Dans le premier cas, le test électrochimique permet de discriminer les différents échantillons en mettant en évidence l'effet bénéfique des architectures et de la couche interfaciale, et dans le deuxième cas des valeurs d'ASR ont été déterminées. Les tests par collectage ponctuel mettent en évidence que la configuration YSZ/La$_{1.98}$NiO$_{4+\delta}$ /La$_4$Ni$_3$O$_{10}$ présente une résistance 5 fois moins élevée que YSZ/La$_4$Ni$_3$O$_{10}$ et 2 fois moins élevée que YSZ/La$_{1.98}$NiO$_{4+\delta}$. Ces résultats montrent la diminution (d'environ 30%) de la résistance de polarisation lorsque la couche mince interfaciale est présente.

Le test réalisé à partir d'un collectage avec des grilles de platine montre la diminution des valeurs d'ASR, d'une part pour les couches composites, et d'autre part pour les revêtements architecturés, avec ou sans couche mince interfaciale dans le cas où La$_4$Ni$_3$O$_{10}$ est placé à l'interface côté air pour un meilleur collectage électronique.

Ces travaux constituent une étape vers l'amélioration de la cathode d'une pile SOFC fonctionnant à température intermédiaire. Ils mettent en évidence l'influence de la microstructure des matériaux ainsi que la relation microstructure / propriétés dans les couches composites et dans les empilements, avec et sans couche interfaciale. Les perspectives de ces travaux impliqueront désormais l'étude des performances électrochimiques de la cellule complète cathode/électrolyte/anode. Ces tests sont programmés chez EDF au premier semestre 2008.

Annexes

Techniques expérimentales de caractérisation

Techniques expérimentales de caractérisation

1 Diffraction des rayons X (DRX)

L'étude structurale des nickelates de lanthane en poudres, en pastilles et en couches épaisses calcinées à différentes températures, a été effectuée à l'aide de deux diffractomètres.

- SEIFERT XRD 3003 TT. Le montage de géométrie Bragg-Brentano opère en mode (θ,θ) (figure IV-1). Ce diffractomètre se compose d'une source de rayons X classique à tube scellé, opérant sous 40 kV et 30 mA, d'un système de fentes avant de Sollers collimatant le faisceau et d'un monochromateur arrière permettant de sélectionner la radiation $K\alpha$ du cuivre ($K\alpha = 0{,}15418$ nm). Le détecteur ponctuel est un scintillateur. L'ensemble des diffractogrammes a été enregistré sur un domaine angulaire en 2θ allant de 15° à 120° et un pas de mesure compris entre 0,01 et 0,03°. Le temps de comptage à chaque pas a été fixé entre 3 et 15 secondes suivant la qualité d'acquisition souhaitée (un enregistrement de longue durée est nécessaire pour effectuer un affinement structural par la méthode de Rietveld et un enregistrement de courte durée est suffisant pour une analyse de phases).

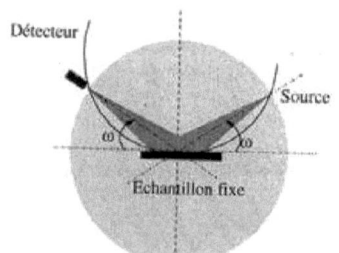

Figure IV-1 : *Montage Bragg-Brentano θ-θ.*

- Diffractomètre Bruker D4 ENDEAVOR. Il est équipé d'un détecteur à scintillation et de fentes variables et commandé par le logiciel DIFFRAC^{plus}. Ce diffractomètre permet la détection et l'identification des phases cristallisées à l'aide du logiciel EVA pour calculer la position, l'aire, la hauteur et la largeur à mi-hauteur des pics de diffraction. L'enregistrement est effectué à température ambiante à l'aide d'un détecteur "Sol-X" ; l'intervalle 2θ est compris entre 10 et 110°, par pas de 0,02°.

2 Analyse thermogravimétrique et thermique différentielle

L'étude de la décomposition des gels a été étudiée par analyses thermogravimétriques (ATG) et thermiques différentielles (ATD) à l'aide d'une thermobalance SETARAM TGDTA 92 qui permet de coupler les deux analyses. L'ATG fournit des informations sur les températures des phénomènes physiques, chimiques ou physico-chimiques et les variations de masse qu'ils engendrent avec une grande précision mais ne permet pas l'observation de réactions n'entraînant pas de variations massiques. L'ATD apporte des informations sur les réactions de l'échantillon avec l'environnement, ainsi que sur les transformations structurales. Elle détecte les transformations exothermiques et endothermiques.

3 Analyse granulométrique et potentiel Zeta

- La mesure de granulométrie est basée sur la dispersion de la lumière d'un faisceau laser (Hélium-Néon) par les particules. La quantité de lumière déviée et l'importance de l'angle de déviation permettent de mesurer la taille des particules. Ainsi les particules de grosse taille dévient des quantités importantes de lumière sur des angles faibles par rapport à l'axe de propagation et les petites particules au contraire dévient des quantités infimes de lumière mais sur des angles beaucoup plus larges jusqu'à former des "halos" homogènes autour d'elles. Le résultat est obtenu sous forme d'histogramme représentant le diamètre moyen des particules. L'analyse est faite simultanément sur l'ensemble des particules circulant devant le faisceau laser.

- La mesure de potentiel Zeta est basée sur une mesure de mobilité électrophorétique des particules en suspension diluée, qui correspond au rapport de la vitesse de la particule sur la valeur du champ électrique dans laquelle elle est placée.

Pour la plupart des suspensions, les forces interparticulaires répulsives sont liées à la présence de charges électriques à la surface des particules. La connaissance et le suivi de la variation du potentiel Zeta en fonction de divers paramètres permet d'apprécier le niveau de stabilité d'une suspension, un potentiel Zeta élevé en valeur absolue étant un critère de stabilité.

Nous avons effectué des mesures de granulométrie et potentiel Zeta sur les poudres et suspensions au Laboratoire de Génie Chimique sur un Zetasizer 300HS (Malvern Instruments Ltd).

4 Mesures de surface spécifique

La détermination des surfaces spécifiques s'appuie sur la mesure du volume gazeux nécessaire pour former une monocouche de gaz physisorbé à la surface de l'échantillon. Les calculs de surface, d'après les modèles théoriques de Brunauer, Emmett et Teller (BET) ont été effectués à l'aide d'un appareil MICROMETRICS Flowsorb II 2300. La méthode utilisée est basée sur la détermination par détection catharométrique d'un volume gazeux désorbé. Connaissant l'aire occupée par une molécule d'adsorbat (azote dans notre cas), l'aire de l'échantillon est calculée à partir du nombre de molécules adsorbées, lui-même déterminé à partir du volume de gaz désorbé. Cette méthode nécessite un étalonnage de l'appareillage avant l'utilisation. Le dégazage préalable des échantillons se fait par balayage d'azote à une température pouvant varier entre l'ambiante et 250°C.

5 Microscopie électronique à balayage

Cette technique a été utilisée pour observer la microstructure des poudres et des revêtements (surface et section). Les images obtenues résultent principalement du traitement des électrons secondaires récupérés à la suite du bombardement électronique des échantillons sous une tension d'accélération caractéristique du microscope utilisé. L'évacuation des charges superficielles est assurée par le dépôt préalable d'un film d'or ou de platine sur l'échantillon.

Le microscope à balayage utilisé est un modèle JEOL JSM-35CF. Le bombardement électronique est effectué grâce à une tension d'accélération variant dans la gamme 5 - 20 kV.

Un microscope à balayage à effet de champ JEOL JSM 6700F a aussi été utilisé pour répondre à des besoins de grandissements plus importants. Dans ce type de microscope, les électrons sont extraits (par agitation thermique) du filament chauffé. Pour améliorer les caractéristiques, un champ électrique est appliqué et permet d'obtenir une sonde plus fine et plus brillante et donc, une résolution plus élevée que celle d'un MEB classique.

Résumé de Thèse :

Ce travail porte sur la synthèse et la mise en forme de couches minces et épaisses de nickelates de lanthane (phases de Ruddlesden-Popper) $La_{2-x}NiO_{4+\delta}$ (x=0, 0.02) et $La_4Ni_3O_{10}$. Ces matériaux à conduction mixte (MIEC) sont étudiés en vue de leur application comme cathodes de piles à combustible SOFC fonctionnant à température intermédiaire (700-800°C). Ils sont préparés sous forme de poudres par procédé sol-gel et sont incorporés ensuite dans des suspensions dont les paramètres physico-chimiques ont été optimisés en vue d'assurer leur stabilité. Par trempage-retrait du substrat, soit directement dans le sol, soit dans la suspension, suivi d'un traitement thermique, nous avons préparé des revêtements homogènes et non fissurés dont l'épaisseur est comprise entre quelques dizaines de nanomètres et plusieurs microns.

Dans une seconde étape, nous avons préparé des revêtements architecturés basés sur l'empilement de couches interfaciales et de couches épaisses de nickelates de lanthane à différents taux La/Ni, afin de mettre à profit leurs caractéristiques intrinsèques (conductivité électronique et/ou ionique).

Au-delà des caractérisations structurales et microstructurales conventionnelles, des tests électrochimiques ont permis de valider les performances prometteuses de ces cathodes architecturées pour une application dans le domaine des piles SOFC.

This work focuses on the synthesis and elaboration of thin and thick layers of lanthanum nickelates (Ruddlesden-Popper phases) $La_{2-x}NiO_{4+\delta}$ (x = 0, 0.02) and $La_4Ni_3O_{10}$. These mixed conducting materials (MIEC) are studied for their application as cathodes for solid oxide fuel cells (SOFC) operating at intermediate temperatures (700-800°C). They are prepared in the form of powders by sol-gel process and then incorporated into suspensions. In these suspensions, physico-chemical parameters have been optimized in order to ensure their stability. By dip-coating the substrate directly in the sol or in the suspension, followed by heat treatment, homogeneous and crack-free thin (100-200 nanometers) or thick (several microns) coatings respectively are prepared. In a second step, homogeneous or architectured thick multilayers were prepared, with or without interfacial thin layer.

In this work, structural and microstructural characterization of the coatings are presented and discussed. Electrochemical tests of selected architectures were then used to valid performances of these promising structured cathodes.

Printed by Books on Demand GmbH, Norderstedt / Germany